深度改变

让你想要的生活触手可及

泽阳 ◎ 著

北方文艺出版社

图书在版编目（CIP）数据

深度改变：让你想要的生活触手可及 / 泽阳著 .--哈尔滨：北方文艺出版社，2020.3（2021.12 重印）
　　ISBN 978-7-5317-4736-9

　　Ⅰ.①深… Ⅱ.①泽… Ⅲ.①成功心理－通俗读物
Ⅳ.① B848.4-49

　　中国版本图书馆 CIP 数据核字（2019）第 294778 号

深度改变：让你想要的生活触手可及
Shendu Gaibian Rang Ni Xiangyao de Shenghuo Chushoukeji

作　　者 / 泽　阳	
责任编辑 / 富翔强	装帧设计 / 于　芳
出版发行 / 北方文艺出版社	邮　编 / 150080
发行电话 /（0451）86825533	经　销 / 新华书店
地　　址 / 哈尔滨市南岗区宣庆小区 1 号楼	网　址 / www.bfwy.com
印　　刷 / 天津旭非印刷有限公司	开　本 / 880×1230　1/32
字　　数 / 130 千	印　张 / 7.5
版　　次 / 2020 年 3 月第 1 版	印　次 / 2021 年 12 月第 2 次印刷
书　　号 / ISBN 978-7-5317-4736-9	定　价 / 49.80 元

推　荐　语

　　泽阳是我的好朋友，这几年来，她一直致力于自控力的理念推广，通过微信公众号、社群等形式实践着这些理念，我曾经还是"自控力school"的社群成员呢！

　　现在，她总结了这些经验，写出了《深度改变》一书。我强烈推荐给大家，期待能有更多人因自控力而健康、成功和幸福！

——生涯规划师、畅销书作者 赵昂

　　我人生中参加的第一个互联网社群，就是泽阳老师的自控力社群。在那里，几百人跟着泽阳老师践行《自控力》这本书里面的方法、理念，那段经历对我的帮助极大。可以这样说，如果当年没有跟着泽阳老师学习，很难想象我现在会是什么样子。

　　泽阳老师的《深度改变》出版了，内容真的是特别特别特别特别好。相信我，只要好好消化，并认真践行，你一定会收获想要的改变，成为更好的自己。

——知名自媒体人 剽悍一只猫

　　作为编辑，泽阳引进国内的《自控力》一书，对无数人来说如同明灯一样,生活中因此有了很多积极的改变。

现在,泽阳写了《深度改变》。我强烈推荐这本书,书中提到的陪伴式学习法会让更多人受益。身为泽阳的朋友,我也希望读这本书的人能身体力行,只有这样才能实现真正的精进。

——知名知识管理专家 萧秋水

强烈推荐好朋友泽阳的新书《深度改变》。起于自控,终于深度——是她把《自控力》这本书引进国内,至今发行400多万册;也是她亲身实践自控力的理念,并通过"自控力school"社群将它传播到四海八荒;也是她助我摆脱心魔,在我最困难的时候拉了我一把,并且不断挥舞着小鞭子,让我成为我想成为的人。

——江苏科技出版社策划编辑 李莹肖

泽阳老师的新书《深度改变》结合《自控力》这本书,以及自己五年多的成长历程,包括自控力社群以及周围的亲人朋友们的故事,生动有趣,在读的时候一次次被触动到,因为真实!很多都是我们共同经历过的。

书中提出的实操方法,我们这些"小白鼠"大都亲验有效,我想,普通人只要做到六个字:简单、相信、照做,就一定会受益颇多。

——自控力school社群成员 田大大

自序
始于自控，终于深度

2012年7月，《自控力》上市后，不经意地就成了一本现象级超级畅销书。几年下来，发行量已经超过400万册，至今依然是畅销榜单前列的"常客"。

不过，这并不是唯一一次。2009年，我与古典老师合作出版了他的第一本书——《拆掉思维里的墙》，这本书也畅销百万册。所以，我在惊喜之余，倒也平静。

作为编辑，能够参与策划一本百万级畅销书的操盘，真是幸事一桩。我喜欢做好书，因为一本好书就像我的一扇窗户，让我与许多素昧平生的人交流、学习，这也是我做书的"私心"。当然，我也希望书大卖，收到更多读者的"阅后反馈"。

为此，我做了很多尝试，甚至专门创立"自控力school"社群，以便面对面地交流。没想到，"无心插柳柳成荫"，社群已经帮助了近千位朋友成长，也助力了"剽悍一只猫"等自媒体人的起步。

能够看到一本好书为哪怕一个人带来改变，就已是荣幸之至！

深度三阶：转念、转化、转变

在这个知识焦虑的时代，人人都在说"改变自己"，渴望自我管理"好上加好"。试问：成效如何？

就拿健身来说，运动是一件百分百有回报的、有益身心健康的好事，这一点所有人都知道。然而，我经常看到很多人下定决心要好好健身，好好减肥，一开始的时候激情澎湃，一上阵却立刻败下阵来。俗话说得好："浅层改变常常有，深度改变一时无"，我很好奇，这到底是为什么呢？

就我的观察，可能有以下三种状况：

1. 没有动力或者压力，缺乏一个让自己心甘情愿投入的目标

有清晰、可衡量的deadline（最后期限）的内在目标，让我们有努力的方向和评判的标准。

大多数人一提到减肥，可能会说："今天不运动也没什么，该吃吃，该喝喝，该熬夜熬夜。吃饱了再减肥，明天再运动……"

试问："你是真的发自内心想减肥吗？还是只是为了追赶潮流，看见别人减肥，所以自己也想减肥？"

如果没有内在的、主动的目标，生活可能会给我们一个外部的、被动的目标：体检指标亮红灯，或者心仪的男生说"三个月内必须瘦20斤，否则就分手"……

2. 认知需要提升，不知道的东西更重要

大家都知道运动很好，可是很多人却不知道为什么要运动，这就是古人说的"知之不详"。认知不全面、不深入、不完整，会导致很多人止步不前，错失深入探索的乐趣。

但也存在另一种情况——有些人的认知压根就是错误、颠倒的。比如，很多人爱给自己贴标签——"拖延癌晚期""丧""佛系""刷夜族""原生家庭祸害"……似乎只要一贴上标签，一个人就拿到了"免死金牌"，轻易就可以原谅自己。

可是，能够让自己过得轻松、高效的，好像只有行动与结果吧？标签带来的满足感是暂时的，就像一块哄孩子的糖，极易让我们忽略对自己更有价值的东西。这样一来，所谓深度改变，就只是一纸空谈而已。

换言之，我们并不真正深入了解的事情，恰恰就是我们最需要学习，也是最重要的事情。

3. 切身体验，帮助自己轻松启动

一说到行动（just do it），估计很多人都会挠头，深感举步维艰。其实，我更倾向于将行动换为"体验（enjoy）"。

体验即亲身经历，是当下的一种状态，无关后续结果与目的。相比于成功或失败，把自己想象成一个正准备拆开一盒巧克力的"好奇宝宝"，难道不是更有乐趣吗？

不运动的人，体验不到运动的好处，也体验不到运动带来的多巴胺大量分泌的畅快感。你只是看到了别人挥汗如雨，但这并不能帮助你轻松地开始运动。其实，哪怕只有一次这样的体验，我们的大脑也会记住这种畅快的感觉。所以，如果你身边有一位运动达人，不妨跟他/她一起运动吧。

体验过一次酣畅淋漓的感觉后，等到你独自运动时，便不会产生畏难心理——而是仿佛被"催眠"一般，轻轻松松就能开始运动。而且，这种体验越多，就越能将认知、概念等内化为习惯。久而久之，习惯就成自然了。

第一种状况和第二种状况都属于转念，心念转了，对同一件事情的视听效应就会不同，自控也是如此。

第三种状况属于转化，行动、体验，不断反省、总结……这些都能帮助我们将行动内化为习惯。

大脑像一位求知欲很强的学生，我们训练它内化，它就会慢慢习惯内化，再加上充分的体验，改变自然水到渠成。

本书每一篇文章的大致脉络，都是以改变三阶的结构而来，希望在帮助你升级认知的同时，也能落地，在体验、践行上——知行合一，深度改变。

始于自控，终于深度

提及深度改变，每一个爱读书、爱思考的人都有自己的看法。

一天，一向从容淡定的Shirley（雪莉）满怀焦虑地问我："身边的人都很努力，我也在不断学习。但我的节奏比较慢，怎么也跟不上别人的进度，这可怎么办啊？"

我反问了她一个问题："什么样的改变会让你感觉踏实？"

Shirley想了想，回答我说："为自己活，不在朋友圈'打鸡血'或炫耀自己；不为赢得外界的赞赏而改变；不只是'看上去很努力'，而是每天有实实在在的成果落实；不是浅层次的、外在的改变，而是敢于向内'革命'，敢转换人生轨道；不只是活在自己的世界中，而是不断拓宽自己的视野，为社会或他人的福祉贡献力量……"

这就是一个活生生的对改变进行深度思考的例子：

1. 一切向内看，更看重内在成长。
2. 高效改变，有成果。
3. 有勇气突破业已形成的障碍。
4. 超越自我，眼里有他人。

恰恰由于我一直在研读《自控力》这本书，所以，如果你问我什么是深度改变的话，我会这么回答你：

1. 自控：创造秩序感。
2. 自律：养成好习惯。
3. 自由：沉浸专注力。
4. 建立自我，追求无我。

本书尝试以自控、自律、自由三部分为内容架构，以"建立自我，追求无我"为内在主线，分享给你一个不一样的"改变视角"——始于自控，终于深度。

看到更长时间的价值

有人说，我们往往高估一时一地或一两年的得失成败，却低估未来五年、十年，甚至更长时间的价值——对此我深有同感。

从2005年6月进入图书出版业，到2017年6月转换人生跑道，12年间，我有幸与李开复、古典、刘润等老师在多方面进行深入合作。

我更没有想过，自己会通过对自控力的思考与探索，转变成一个创作新人。

在忐忑之余，也期待得到您的指正与反馈，欢迎通过"自控力school"微信公众号（ID：zikonglilab）与我联络。

感谢《自控力》的作者凯利·麦格尼格尔博士。

感谢时间赋予我的智慧。

感谢每一位有缘相遇的读者！

目录

第1章
深度改变,从对自控有正确的认知开始

认知自控,才能了解深度改变 _ 3

没有动机的改变,只是偶尔的心血来潮 _ 6

自控不仅仅是改变的原因,更是结果 _ 14

远离失控,需要大脑刻意训练 _ 24

分时段聚焦注意力,改变看得见 _ 35

想要价值最大化,就要自我设限 _ 45

适度自由,适当自控 _ 54

把问题变成愿望,哪还会有拖延 _ 64

你怎么看时间,是自控力的底层逻辑 _ 73

人生不是追求完美,而是选择最优 _ 82

生活既能认真享受,也能轻松掌控 _ 91

第 2 章
九种自控力提升方法，帮你实现深度改变

越了解自己，越容易改变 _ 103

与情绪化敌为友 _ 118

与自己建立长久、和谐的内在关系 _ 131

每个好习惯的养成，都是一次深度改变 _ 139

专注力越强，改变自然而然 _ 157

和压力做朋友，化压力为动力 _ 166

五分钟"绿色锻炼清单"，科学改善身心 _ 176

好睡眠，深改变 _ 184

环境的力量，比你想象的还要大 _ 192

第 3 章
深度改变，活成你想要的样子

找到自己生活的节奏感 _ 203

自控使人强大，活成你想要的样子 _ 212

后记 _ 219

附录 _ 参考文献 _ 221

第 1 章

深度改变，
从对自控有正确的认知开始

想要跳出失控的怪圈，

将时间、精力投入到更值得做的事情上，

就要从了解自控开始。

认知自控,才能了解深度改变

在《自控力》的开篇,凯利·麦格尼格尔博士给出了一个简单的定义:自控力是一个人控制自己欲望、情绪与注意力的能力。

这个定义听起来简单,其实细思不易。

一个人真的可以控制自己吗?一个自信满满的人在多数情况下能够控制自己的欲望、情绪就已经很好了,但想要控制注意力,恐怕很难做到。毕竟,我们的大脑习惯于自动反应,加之这个时代有太多的内外干扰。所以,注意力涣散、思维"四分五裂"是很正常的事儿。考虑到很多人对自控力有一定的误解,我在这里多做一些诠释:

一、自控力是一项稀缺、易损耗的资源

很多人通过亚马逊、豆瓣、微博等平台对《自控力》这本书进行了评论,通过看这些评论,我了解到大家对自控力普遍有两点认知:

1.存量思维:自控力是有限的。

2.增量思维：自控力可以像肌肉一样训练或提升。

这两点源于这一常识：自控是一件极其耗费大脑能量的复杂活动。而且，它本身也是一种宝贵的、易损耗的稀缺资源，需要生理学做物质基础和能量支撑。

由此，我们也可以知道，调用自控力的策略应该是"开源节流"：

1.对存量"节流"，把"意志力储备"用到刀刃上；

2.对增量"开源"，用各种能增加身心能量的方法提升自己，比如运动、充足睡眠等。

二、自控力是一门兼具认知与行为的科学

自控与心理学、经济学、神经学、医学领域等密切相关。想要践行自控力，就需要"两条腿"一起走——认知升级和行为训练。

三、自控不仅是深度改变的原因，更是结果

说起自控，很多人会觉得苦，仿佛自己被逼迫一样，想想就苦恼。人生势必要如此艰难吗？

有些人觉得自控很痛苦，其实是因为他们颠倒了自控的因果关系。自控不仅是原因，更是结果，它能帮助我们调动行为、情绪、注意力，达成自己想要的目标。

我们需要在改变的过程中"与自我对话""与自己协作"，

最终实现自控,而并非看似强制性的"自控"。

比如,从转念开始,我们要了解自控的工作机制以升级认知,然后将自控的技巧、方法等应用到生活中,并转化为第一手的经验,一边调整深化认知,一边付诸实践。然后,总结经验,逐渐将其转化为内在习惯。

经过持久、循序渐进的训练,行为、情绪与注意力会渐渐为我们所用,帮助我们掌控自己的时间和生活。

简言之,与其控制,不如学会与自己对话、协作。

假如让我给自控力下一个定义的话,那它应该是一个过程——一个通过与自己协作,同时兑现目标或价值,继而从内往外深度改变的动态过程。

没有动机的改变，只是偶尔的心血来潮

从"为什么要自控"的角度，找出自控的动机与目标，让自控之旅事半功倍。

有一天，朋友小山在车里听到了许岑的音频节目——《如何成为有效学习的高手》，他一边开车，一边兴奋地跟我分享许岑的观点。

在许岑看来，一个人做一件事情的动力有两种——兴趣或目标。一般来说，大人会根据兴趣帮小孩报兴趣班；而我们成年人，光靠兴趣驱动是不够的，更要有目标驱动。比如，我们每年做新年计划时都会制订很多目标，即使可能只是重新把去年的计划抄一遍，但我们仍乐此不疲。

《自控力》的作者凯利在序言中也提道：参与课程的人，都要选择接受长达10周的"自控力挑战"，也就是你想用自控力践行的目标。这一目标，既可以是你逃避的事、想要改掉的习惯，也可以是你愿意花更多精力和时间去关注的重要生活目标，比如健康管理、压力调控、情绪调适、

克服拖延等。

仔细想想，自控无处不在。无论上班族还是创业者，公司每年、每个季度都会制订业绩或考核目标。而在自我管理领域，我们同样也需要明确目的和目标——为什么要自控？怎样才算是成功的自控？

开始吧，先了解自控动机（需求或期待）

为什么一定要弄明白自控的目的呢？因为当你无法自控，快要坚持不下去的时候，想一想动机（初衷），就能激励自己再坚持一下。

再坚持一下，往往是从不习惯开始转向深度变化，行动开始出现成果的转化点。

我的朋友小明就是"再坚持一下"的典型代表。

他因为工作的原因，常常要待在办公室。他想运动，可腿脚总出问题，所以不敢跑步。前段时间公司组织体检，他被检查出患有重度脂肪肝，医生告诉他必须尽快锻炼减脂。于是，小明——一个身高一米七、体重一百八十五斤的男人——艰难地踏上了运动之路。

最初，他的目标是每次跑5公里。刚开始跑的时候，小明几乎每次都要喘不过气来。第一周，他跑了三次，一次2～3公里不等。从第二周开始，他增加了运动量，每次跑4～5公里。当他跑到5公里时,再也跑不动了,往前再多走一步都觉得很困难。对他而言,5公里似乎成了一个无法跨越的魔咒。

小明想:为什么我非要坚持跑过5公里呢?可能最直接的动力是"医嘱"。可跑步应该是自由的、快乐的,就像自己小时候每天从家里高高兴兴地跑着去上学。

小明很怀念那时候自由自在的奔跑,也出于对自己健康的追求,他一直咬牙坚持着——再多跑一分钟,再一分钟,再一分钟……那一天,他终于突破了5公里,直奔10公里。

几个月后,他报名参加了所在城市的半场马拉松比赛,并成功跑完全程!小明说,那次5公里后"再坚持一分钟"的尝试，彻底改变了他的生活。

"WOOP"思维心理学，让你的自控力挑战so easy

说起制订目标，我想向大家推荐"WOOP思维心理学"，它是著名心理学家、美国纽约大学及德国汉堡大学心理学教授加布里埃尔·厄廷根教授的研究成果。他还专门为此写过一本书——《WOOP思维心理学》。

在这本书里，他向人们介绍了如何在日常生活中使用"WOOP思维心理学"，并提供了诸多具体建议和练习方法。

先简单介绍一下"WOOP"，它是四个单词首字母的组合。

W是Wish，指愿望。比如你可以寻找一个内心的愿望，设定一件自己最想完成的事。

O是Outcome，指结果。如果达成了愿望，最好的结果是什么？你可以尽情地畅想自己梦想成真的喜悦。

第二个O是Obstacle，指障碍。比如，在畅想完喜悦之后，你下一步就要思考，在实现目标的过程中最可能会发生的障碍是什么。

P是Plan，指计划。你可以在脑子里预演最好和最坏的情况，找到一个平衡点，然后制订计划。

"WOOP"会帮助我们把实现目标过程中最好和最坏的情况

都考虑进去。当我们空有一腔热情时，往往会设定大目标，而后很快碰壁，目标就变成了一张白纸。这时候，就要启动"P"来应对现实障碍。

现在，让我们用"WOOP"把整个流程演练一遍。

比如，你想利用业余时间提升自己的写作能力，Wish（愿望）是利用业余时间写一本书，Outcome（结果）是提升写作技能，Obstacle（障碍）是时间、灵感和状态不足，Plan（计划）是每天写一篇，写完后发给帮忙监督的朋友。

我们现在试试用If…Then…（如果……那么……）模式：

如果写不出来，我会找别人聊一下，找找灵感；

如果写不出来，我会阅读一些好的文章或一本好书，思考、处理，写读后感；

如果没时间写，我会早点起床写；

如果没心情写，我会放松一下，做一些自己喜欢的事，明早再写。

你有没有发现，"If…Then…"模式其实是给自己做的事情设计预案。通过这种方式，你能够提前演练各种可能性，从而更好地执行计划，达成目标。

实际上，"WOOP"思维方法对于目标制订非常有参考性。

1. 为什么很多事情做不成

因为你制订目标时太过于乐观了。很多积极心理学的图书都在讲乐观的好处，可是适当悲观也是有用的。太过乐观往往容易陷入妄自尊大，一旦出现问题，情绪马上会受到影响。还有的人会跟很多人讲自己的目标，讲完后自己内心很激动，但其实这样会使自己时时受到他人评价的影响，一旦评价有变，就会立刻崩溃。

《自控力》中也谈到了类似的原理：大脑错把可能性当成真正完成了的目标，所以目标发生了偏移和错位。因此，在制订目标时保持适当的悲观还是挺有必要的。

2. "WOOP"思维心理学，要充分认识到第二个"O"

第一个"O"是结果，指如果目标达成了，最好的结果是什么。比如，每天坚持锻炼，目的（Outcome）是让自己身心舒畅，拥有一个健康的身体。第二个"O"是障碍（Obstacle），一般人在执行计划时往往对将会出现的障碍估计不够，尤其对来自自身的障碍估计不足，所以常常在这里遭遇挫折。

拿每天运动来说，刚开始三分钟热度，坚持一段时间就放弃，这是很正常的。对没有运动习惯的人来说，不放弃才奇怪。

其实，我们每天都会产生一些障碍。明白了这个道理之后，

提前预演一遍后,你的心里大致就有些底了:

回家后太累,不想运动;

一个人做事太难受,不想运动;

时间太晚了,不想运动;

心里烦恼,没心情,不想运动;

……

3."P"只聚焦执行结果

这时候,我们就要学会运用"WOOP"思维心理学的"P(计划)"和"If…Then…(如果……那么……)"模式来执行意图,帮助自己规划目标。

刚开始时,不要制订太大的目标,而应先制订每天晚上跑步15分钟的计划。如果今晚不想出去跑,可以选择在家里跳绳10分钟。

"P"很有意思,因为很多挣扎都是自己在心里瞎纠结:如果……那么……但这其实都是在变相地拖延。

所以,当你害怕受挫、一直拖延时,不妨试试"WOOP思维心理学"。

2017年初,我的朋友高老师曾找我咨询过关于自控的问题。当时,她因为家庭的原因要换到新的工作环境,所以不得不从头再来。在面对陌生的环境时,她变得不太自信。

我们从"为什么要自控"的话题聊起的。她说,她想要自控的原因就是为了重拾自信。接着,我们开始聊如何用"WOOP"制订年度目标。她做一版,我看一版,大概改了三四版,最终才定稿。

到了年底,她发现自己的绝大部分目标都已经实现了,甚至还有些意外之喜!

"WOOP"看起来简单,但操作得当的话,能极大提升目标实现的概率——用在制订"自控力挑战"上最为合适。

"磨刀不误砍柴工",我强烈建议你在行动之前先思考一下为什么要自控,找出自控的动机与目标,然后进行深度改变。

mini自控

今天,尝试用"WOOP思维心理学"为自己梳理一个自控力的目标吧!

欢迎在微博或微信上写下自己的体验与心得。

记住:写下来,才是你的!

方法:

1. 先了解自控动机(需求或期待)。
2. 利用"WOOP思维心理学"制订目标。

自控不仅仅是改变的原因，更是结果

自控不仅仅是原因，更是结果。我们要找到让自己有动力的目标，让目标带领我们一路成长。

很多人刚开始自控计划的时候，恨不得一天24小时都能管住自己，结果却是越自控，就越失控。

自控力是有限的，所以"越自控，越失控"

这年头，我们要是不说自己在"减肥"，好像都不好意思开口说话。可可对于一个从不运动的人来说，想通过运动实现瘦身，真是一件很难的事。

《自控力》中这样写道："提高自控力的最有效途径，是弄清自己如何失控，为何失控。"于是，我试图用书中的方法开始自控：

记录自己的饮食和情绪——因为心情好坏会严重影响进食量；

每天从椅子上站起来——多走两步也会减肥……

我一开始劲头也很足，但到第二周就无法控制自己了。多走两步比较简单，可是每次吃饭都要拍照、填写记录表，真的很麻烦。为了省事，我决定不吃晚餐，结果每天都饥肠辘辘的，反倒让我更想吃东西。

有时候，我本来打定主意不吃了，结果到了饭点还是跑去吃，而且吃得比平常还多。有时候，半夜饿得实在忍不住了，就自己下厨做一顿西红柿鸡蛋面，吃完后既郁闷又后悔。

结果可想而知，一个月下来，我反而胖了五斤，还真是越自控就越失控。

要明白，自控力是一种有限的宝贵资源，得"省着点用"。而一个人的自控力也是有限的，在生活中，我们无法做到方方面面的自控，能控制住自己的某一部分就已经很不错了。比如，每天计划做三件事，能做完最重要的一件就够了。该放松的时候就要学会放松，适当自控就好。

"运动渣"如何轻轻松松瘦10斤

对自控力研究得越多，我越发现：常见的认识误区之下还有另一层原因——混淆了因果关系——因为自控不仅仅是原因、手段或工具，更是结果。

这么说可能有点绕口，举个例子吧。

我的朋友小天是个"运动渣"，这么多年来，她曾多次尝试过瘦身，但都失败了。

她进行过两次体检，被检查出脂肪肝中级，身体各种指数均不佳，体脂比达到了"35%＋"，医生建议她少吃多动。可尝试了各种方法还是没能瘦下来，她变得有些自暴自弃。

没想到，最近小天居然瘦了近10斤，圆脸变成了瓜子脸。很多人看到她都会问："你瘦了好多啊，怎么瘦的？"

我很好奇在她身上到底发生了什么。她笑呵呵地对我说："4月的时候，我的老师来北京做讲座。讲座结束后，我们一群人围着老师聊天。老师推荐给我们一个训练身体核心区的好方法：'五体投地'。一方面，这样做能疏通经络，让内部循环变得更通畅；另一方面，又能安抚我们一刻也不消停的心，让我们真正地平静下来。"

"老师说一天最少用7分钟做18个，多的话可以用35～40分钟做108个。在场的同学拉了一个微信群，每天互相鼓励坚持下去。我体力差，刚开始的时候每天只能坚持7分钟，后来慢慢增加时长，好的话一天能坚持35分钟。"

客观上说，小天开始了运动的旅程，因为这对她来说并没有什么困难，无非是每天完成老师布置的功课而已。为了完成功课，她有了运动的需求，每天运动至少7分钟成为自然而然的结果（自控）。有时候工作忙、没时间，她就早起做。慢慢地，她的饮食和生活习惯也发生了变化。

这个例子告诉我们，当我们想要完成某件事的时候，与其努力自控，不如找到让自己完成这件事的动力或者目标，让目标带着自己行动——自控便成了顺带着完成的事。

打个比方，自控有时候就像牧人在羊背上抽鞭子："快点走，去牧场！"而有经验的牧人会换一种方式——在羊群前面拉一车新鲜的草（动力、目标），羊群自然就会自己追着青草去牧场了。

毕竟，被鞭子抽着，哪怕再有效，效果也只是短期的，时间久了，谁也受不了，难免出现"越自控，越失控"的结果。试问，你愿意被鞭子驱赶着自控，还是被目标吸引着，自动往前走？

作为一个普通人，我选择后者。

为什么不呢？

前几天我翻微博，偶然发现了跟同事聊过的选择图书编辑的标准：

1. 文字能力强，基本功不能差；

2. 爱看书，有一定的阅读量；

3. 热爱编辑这一行，哪怕待遇不高却乐此不疲，看到书稿就两眼放光。

回顾自己最初做编辑时,初心就是因为喜欢看书,愿意编书——拿到散发着油墨味的新书,就觉得一切都值了。

刚开始的那几年,我努力学习,奔着"做一本百万册畅销书"的目标,每做完一本书,都会自发地复盘、总结,约作者聊天,听很多人的反馈……这些并不需要自控力或者领导的督促,因为"有钱难买我乐意"。有目标就会自我激励,就能够调用自控力提升自己。

如果你认为"凡事光拼意志力""凡事只依靠自控力才能成事",那是完全错误的!

这里面也涉及我们之前提到的成年人做事情的动力——兴趣和目标,要么因为兴趣而做,要么因为目标而做。因为兴趣而做事的人一般不需要督促,而且主动性较高。

比如,很多人打游戏,一打就停不下来,很少听说要自控才能去打游戏的案例;为目标而做事的人一般也不需要督促,因为这个目标是自己想要完成的,是适合自己的,不需要极度自控就能完成。

有人可能会问:"我做事情也是有目标的,可是不管用啊。"回忆一下前面提到的小天瘦身的例子,你注意到了吗?目标的设定,一个首要的前提是让自己有动力,并且愿意去做。

那么，我们应该如何找到做事的动力？

找到目标的三个锦囊

如何找到让自己有动力的目标？这里有三个锦囊妙计。

1. 从核心价值观入手，让自己自觉做事

对于运动的建议，我听过很多回，但坚持下来的人并不多。小天之所以能坚持，是因为老师的细致讲解击中了她的核心价值观——自助助人。她发现，只有我做到了，才能够帮助其他人。

其实大家都一样，不愿意做很多事。可是，如果这件事符合你的核心价值观，你会愿意做的，而且做的时候感觉动力满满。比如，我的核心价值观之一是成长，无论在哪里，学习、成长都是我下意识就想去做的，好像鱼在水中游一般自然，很少需要调动自控力。

说到这里，我想到了美国前总统奥巴马戒烟的故事。

众所周知，奥巴马能够从一介平民成为连任两届的美国总统，与他的勤奋和超强自控力是分不开的。可是，哪怕是这么严格要求自己的人，在戒烟的问题上也付出了巨大的努力。他的妻子，前第一夫人米歇尔曾透露，奥巴马戒烟的最初原因并不仅仅是出于健康的考虑，更多的是想为女儿做榜样——他们的两个女儿都已长大，作为一名家长，他需要做一个好榜样：为孩子改掉坏习惯，做对的事。

由此看来，相比健康，奥巴马更看重"父亲要做子女的好榜样"这样的价值观。怀着这样的目标，这位铁杆烟民断断续续戒烟三年，最后终于成功了。难怪有美国媒体调侃说："看来，戒烟比当总统还难。"

2. 改变的最小阻力之路——从习惯入手，让自己找到节奏感，学会自律

小天以前运动时多是在晚上，结束后会很兴奋，结果睡眠质量受到了影响。老师给她的建议是运动最好安排在上午。于是，小天尽量将运动时间往白天调整，从日程表中"见缝插针"，找出适合自己的精力、体力分配规律。

哪怕再忙的人，如果想要坚持一件事，只要找到适合自己的节奏，这样自律就容易多了。

自从孩子出生以后，阿春肩负的责任更多了。她既要照料孩子，又要分身打理父母的事，还想在工作中做出点成绩，于是时间变得分外紧张。生活在一线城市,面对激烈的竞争压力和昂贵的生活成本,她变得焦虑不堪。

于是,她来找我咨询该如何自控。我们一起梳理了她的"注意力分发清单",等把所有的事项都列出来后,她发现,只有早上才是属于她自己的时间。于是,我建议她把原本"早上七点起,晚上十二点睡"的作息时间调整到"早上五点起,晚上十一点左右睡"——为自己争取两个小时无人打扰的高效学习时间。

她听取了我的意见,回去就调整了作息时间。最近,我再见她时,原来那张焦虑的脸变得从容平静,自信的光芒也由内而外散发出来。

在这个竞争压力空前的时代,不焦虑好像反而不正常了。每一个人都嚷嚷着要改变,可是改变往往让人不适,阻力很大。看多了这种案例后,再回过头来看看阿春的例子,有时候我会想,如果想养成新的习惯,可以从一个人本来的习惯入手,这会让改变显得不那么剧烈,也可能是"阻力最小之路"。

3.找到一个群体自控的环境,帮助自己自控

哪怕前面两个锦囊妙计都有效,有时候,你也会发现,一旦忙起来,还是无法按照计划行事。

小天说:"幸亏我们有一个微信群,每天看其他同学打卡,有两个人差不多每天都能坚持35~40分钟,心里还蛮有压力的。这个群让我找到了一种虚拟的群体自控环境,因为有社会认同的压力,所以就算我再想懈怠,也不自觉地被其他人带动了。"

如此总结下来,你应该明白了——当你找到让自己有动力的目标,又养成了属于你的节奏感,自控就会成为一件自然的事。

在这种"顺势而为"的自我博弈中,目标会带你"起飞",自控只不过是结果罢了。捋顺这样的因果关系,你就不会掉入"越自控,越失控"的坑里。

小结:
自控力是一种有限的宝贵资源,得省着点用;
一个人的自控力是有限的;
生活中无法做到方方面面自控,能做到部分控制就很不错了。

mini 自控
今天尝试选择一个"锦囊",坚持7天试试吧!

欢迎在微博或微信上写下自己的体验与心得。

写下来，才是你的。

方法：

1. 从核心价值观入手，让自己自觉做事。
2. 从习惯入手，让自己找到节奏感，学会自律。
3. 找到一个群体自控的环境，帮助自己自控。

远离失控，需要大脑刻意训练

身心状态良好，才有充足的自控力。从训练大脑开始，学会创造条件，提升专注力，愉快地开始改变吧。

很多人谈到自控和意志力，往往会把它们看成道德问题，比如，一谈起某个人意志力薄弱，就认为他人品太差。如此粗暴归因后，他们既看不清楚自控到底是怎么回事，又会给自己与他人带来巨大的压力。他们忽略了一点——自控需要良好的生理基础。

我们都知道，关于自控力，最重要的常识是：自控力是有限的，但是能像肌肉一样得到训练。既然自控是大脑内部极耗费能量的一项活动，回归到自控本身，我们就会发现，自控与大脑、身心状态密切相关。

如果身心状态良好，大脑有序工作，自控力就有了生理方面的支撑。

在《让大脑自由》一书中，美国著名神经科学家约翰·梅迪纳博士为我们介绍了大脑的结构。经过数百万年的进化，大脑分成了三个部分：蜥蜴脑（脑干部分，也称作本能脑），杏仁核（丘脑，位于大脑的正中心，亦名情绪脑），大脑皮层（强大且是"人类特有"的大脑，每个区域都是高度专门化的，比如记忆区域、视觉区域、语言区域等）。

科学家常用"大脑三位一体学说"模型（如下图）来描述大脑的总体组织结构。

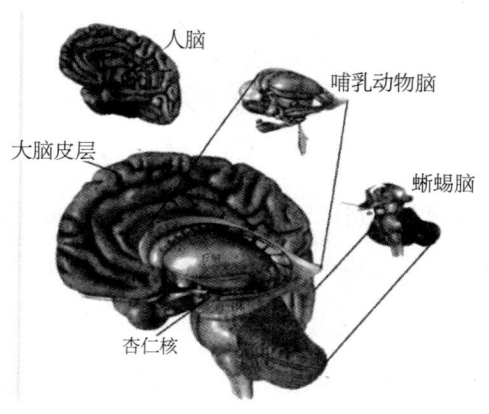

我们的三个大脑（摘自《让大脑自由》）

前额叶皮层（前额皮质）是人类进化过程中大脑内的唯一一个新增物。斯坦福大学神经生物学家罗伯特·萨博斯基（Robert Sapolsky）认为，对现代人来说，前额皮质的主要作用是让人选择做"更难的事"。

前额皮质的重要性

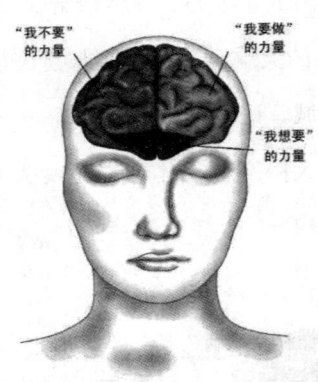

人脑中的意志力

前额皮质并非是挤成一团的灰质，而是分成三大区域，分管"我要做（左边区域）""我不要（右边区域）""我想做（中间靠下的位置）"三种力量。

前两者主要控制"做什么"和"我要做"，负责处理枯燥、困难或充满压力的工作，比如一个文科生刚开始接手财务，做资产负债表，这个工作无疑相当枯燥且乏味（虽然做完后挺有成就感）；"我不要"能克制一时的冲动，比如面对不靠谱的人做的离谱事，要忍耐一天不发火。

"我想要"会记录我们的目标和欲望，决定自己"想要什么"。这一板块的细胞越活跃，一个人的行动力、拒绝诱惑的能力就越强。如果辅以循序渐进的练习，几乎每个人都能做得到。

做任何一件事情，无论是自控还是失控，都会启动大脑的不同部分。因此，一个人想要自控的话，首先就要三脑互相协作，别总是发生矛盾。睡前放空一切静坐，是"打通"三脑的有效方法，不妨试一试。

其次，多训练大脑皮层部分。我们的大脑是如何工作的？如何让大脑更好地为你工作？《让大脑自由》中提到了释放天赋的12条定律。

定律1：越运动，大脑越聪明。

定律2：大脑一直在进化。

定律3：每个大脑都不同。

定律4：大脑不关注无聊之事。

定律5：短期记忆取决于最初几秒间。

定律6：长期记忆取决于有规律的重复。

定律7：睡得好，大脑才会转得好。

定律8：压力会损伤你的大脑。

定律9：大脑喜欢多重感觉的世界。

定律10：视觉是最有力的感官（我们用来看世界的，不是眼睛，而是大脑）。

定律11：大脑也有性别差异。

定律12：我们是天生的探险家。

这12条定律中，最该引起我们注意的是定律2——大脑一直在进化。

或许你会说——进化不是需要很多年吗？

从生物学的角度看，人类整体大脑的更迭需要漫长的历史；对于每个人来说，大脑每天一直在"渐进式进化"。这种进化未必像物种进化那么明显，但对于我们来说，依然会带来很多改变。

大脑的"用进废退"原则

提到大脑的进化，有一种比较容易理解的说法——"用进废退"原则——因为工作太无聊，无法更多地激活和锻炼脑细胞，大脑用得少，所以废得快。

下面是一则来自新华社的报道，是有关大脑"用进废退"的有力佐证：

一份无聊工作"谋杀"的不仅是时间，可能还有脑细胞。

美国佛罗里达州立大学的一项研究显示，工作性质和环境会影响大脑的认知能力，如果长期从事枯燥无聊的工作，大脑因缺乏刺激和挑战而退化的概率会增加。

研究人员分析了美国大约5000名中年职场人士的工作情况，并测试了他们学习和运用信息的能力，包括完成任务、管理时间、关注力、记忆力等。结果显示，工作的复杂程度越高，即不断学习新技能、应对新挑战的需求越高，人的大脑认知能力会随时间推移变得越强。对女性而言，情况尤甚。

研究牵头人约瑟夫·格日瓦奇博士说，这一结果印证了大脑"用进废退"的理论。此外，这份发表于美国《职业与环境医学杂志》上的报告认为，肮脏、受污染的工作环境也会导致大脑的认知力下降。

对于很多老年人来说，所谓"认知反应的丧失"，是因为大脑神经元不像年轻时那么健康了，变得僵硬了，所以才会听不到、看不到，或者尝不到味道。简言之，大脑也像"自控力肌肉"一样，用得越多，锻炼得越发达，如果不练就容易萎缩。

比如查理·芒格——世界公认的智者、投资家。他生于1924年，即便是快百岁的人了，他到现在每天仍手不释卷，掌握了近百种思维方式，精神状态不输年轻人。

相比之下，我爷爷今年才八十多岁，看上去却老态龙钟，压根提不起精神头，每天只能看看电视。其实爷爷前几年还是很有精神劲儿的，但大家心疼他，怕他累，就不让他多干活，让他歇着。结果，一辈子习惯干活的人一下子闲着没事干了，再加上缺少其他"精神食粮"，他的状态明显垮了，老态立刻显现。

所以，哪怕年过古稀，只要能刻意训练大脑，即使是做成语快答题，也会锻炼大脑的神经元。

大脑爱走神

明白了大脑的"用进废退"原则，你就会发现，其实人脑就像一位求知欲很强的学生，如果创造条件，利用科学的方法训练它专注，它就会越来越专注；训练它自控，它就会越来越擅长自控。而且，这一训练会变成习惯，形成势能与力量，最终会重塑我们的大脑。

很多人渴望专注，想从微信等即时工具中将自己的注意力解放出来，于是选择关掉微信、微博、QQ（即时通讯软件）等。但事实是：大脑的构造决定了我们的注意力会不断地在不同的关注点间切换，无法长时间保持专注。这实在让人很苦恼。

虽然如此，走神也是有好处的。比如，走路时看手机，如果太专注，我们可能注意不到路上潜在的危险。偶尔走神的话，我们就会下意识地关注周边环境，发现周边环境的变化，就会迅速做出反应。

你可能会问,如果我告诉自己不要走神,行得通吗?实践证明,这样做的效果更糟,因为这样做的话,你满脑子都是走神的事。

还记得"白熊效应"吗——越告诉自己不要想白熊,脑子里白熊的印象就会越清晰。当被迫不去想时,想这件事的概率反而提高了。

人脑是由许多相互联系着的神经元网络组成的。也就是说,每一个神经元都与其他神经元相连接。只要有一个神经元被充分地刺激,就会刺激或者抑制与它相连的那些神经元,而这种"激发"会扩展到整个神经元网络中。

——《每天最重要的2小时》

建立内在的秩序感

走神是大脑必然的选择,但工作需要专注,那我们该怎么办?其中一个方法就是将没必要存在且让你分心的东西拿开,不留干扰物,给自己创造无干扰的办公条件。

最近我跟朋友梅子一起住。多年来,她在某大型企业担任现场管理负责人。因为她工作非常认真,曾被日本高管表扬,所以老板就派她与比她级别高很多的高管一起到日本学习"5S

现场管理法"——整理（SEIRI）、整顿（SEITON）、清扫（SEISO）、清洁（SEIKETSU）、素养（SHITSUKE）。回国后，她就开始不断带项目组，帮助企业与员工养成好习惯。

慢慢地，职业习惯变成了个人习惯。她一到我家就开始收拾，等我回家一看，感觉自己好似换了一个家。这些天，她每天拖地、整理桌面、给马桶消毒……我每次一回房间，发现自己乱放的东西都被摆得整整齐齐，心里十分不好意思，但真的很舒心——视线中没有什么多余的杂物，难怪"断舍离"的理念这么流行呢！

对于我这样很随性的人而言，虽然很喜欢断舍离，可一直没能做到。细细想来，要么是我身边缺少一位像梅子这样身体力行的榜样，要么就是自己还没有透彻地体验到持续整理的好处，所以行动跟不上。

如果你动手将房间整理一遍，真的会产生一种内在的秩序感。

创造条件，让自己远离失控

办公地点的干扰物，除了那些外物，还有常见的电子设备：手机、平板电脑、kindle（电子阅读器）等。如果我们想要专注地做事情，可以先将它们收起来，把手机放远点或者开到飞行模式，关掉微信等一切提示，电脑断网……

如果忽然想起有什么事情要做，可以先写在备忘录或纸条上，等手头上的工作结束后再处理。

这样做不但会有事半功倍的效果，还能减缓许多不必要的心理权衡与心理挣扎。试想一下，微信电脑端开着，不管收到什么消息，你是不是都会忍不住点开看一眼？大脑就是这样被即时消息、无关的新闻、广告等"占领"了。

最要命的，如果你不断被即时消息干扰，思维变得散乱、拖延，大脑就会形成拖延的习惯，而且越拖越久，不可自拔。

一个人的注意力是有限的，如果整天被不重要的东西消耗，其实挺累的。渐渐地，你就会变成"拖延症患者"。

我们的身与心息息相关，明白大脑的机能和运作原理，才能更好地让自己远离失控，实现轻松自控，进而才能实现改变。

小结：

既然自控是大脑内部极耗费能量的一项活动，回归到自控本身，我们就会发现，自控与大脑、身心状态密切相关。如果身心状态良好、大脑有序工作，自控力就有了生理上的支撑。

mini 自控

我们在这一节了解了大脑的 12 条定律，看看如何让自己保持良好的身心状态。

欢迎在微博或微信上写下自己的体验与心得。

写下来,才是你的。

方法:

1. 三脑互相协作,别总是发生矛盾。

2. 刻意训练大脑,防止"老化"。

2. 别总告诉大脑不要走神。

3. 建立内在的秩序感。

4. 创造条件,让自己远离失控。

分时段聚焦注意力,改变看得见

一旦聚焦注意力,你会置心一处,无事不成。

注意力在哪里聚焦,我们就在哪里表现出对应的行为与情绪。

在移动互联网时代,我们的注意力越来越分散,因为"偷走"它的"小偷"太多了:微信、电视剧、游戏、意外任务、明星八卦……如果我们不对自己的注意力进行管理,任由它牵着鼻子走,很容易东一榔头西一棒槌,做事缺乏章法。

前段时间,我跟同事小龙聊拍摄任务,结果发现他注意力很不集中,一直很不耐烦地翻手机、刷微信。跟他讲话时,半

天都听不到他回一声。

于是，我停下来，静静地看着他，一直等他把注意力移回正题才继续。可讨论到最后，本来话题已经从A转到D，结果他以为我还在说A。

沟通完，我们开始写提案，他却找不到U盘了，说忘放哪里了，吵得人心烦意燥。接下来几天，我悄悄观察小龙，发现他跟其他人沟通时注意力也不集中。

比如，人事部的同事跟他聊接下来的工作调动，他一会儿说自己的优势在拍摄，一会儿又说自己擅长PS（图像处理软件）和画画，让对方摸不着头脑，不知道怎么安排他才好。

另一方面，他的情绪很不稳定，对别人的评论非常敏感、脆弱，相当的"玻璃心"。

问题到底出在哪儿呢？其实，他是患上了时下最流行的"注意力涣散症"。

古人说"置心一处，无事不办"。我们的注意力容易在太多事情上跳来跳去，非常不稳定。一天下来，会让我们身心俱疲。如果我们连自己的情绪都管不住，就更缺乏精力学习与思考，慢慢地，工作和生活就会恶性循环，乱成一锅粥。

所以，毫不夸张地说，注意力聚焦在哪里，自控力就在哪里。

记录"注意力分发清单"

面对这种情况,我们应该如何改善呢?

参考赵永久在《爱的五种能力》中提到的"情绪记录清单",我们可以仿照着做一份"注意力分发清单"。

你只需要每天拿出几分钟时间,就能做一份"注意力分发清单",让它帮助你"圈住"自己的注意力,从而提升工作和生活效率。

这份清单能够让你了解到在一天的工作和生活中,自己的注意力都被哪些"小偷"偷走了。现在,请你拿出一张A4纸,在纸上写下这几个要素:

1. 时间、地点。
2. 做了什么。
3. 注意力放在哪里了。
4. 当时情绪如何。

你注意到了吗?列"注意力分发清单"时必然牵扯到时间,因为时间承载了我们的"注意力分发"。所以,善于做时间管理的人也同样擅长管理自己的注意力。

比如,在《奇特的一生》这本书中,"时间统计法"鼻祖柳比歇夫通过记录"时间花销",成功管理了注意力,保证了超高的效率,完成了其他人一生都无法完成的工作,生命力也一直保持旺盛的状态。

只要这样坚持下去,连着记录三天,你就能了解到自己的注意力分布状态。我把这个方法介绍给了小龙,过了三天,小龙带着清单找到了我。

看了他的记录后,我又给他支了些招:"将这些'小偷'分一下类,看哪些是重复出现的事情,然后再给它们设立预案。比如,你提到的'每天都有人找你复制影像资料',这件事情有没有预案?重复性的事情每天做一次就够了。"

小龙若有所思:"我可以在每次拍摄完,马上将资料上传到云盘,然后把私密链接分享给相关的人,让他们自行下载。"

"嗯,好主意!请按照这一思路,给自己想招儿。比如,想想应该如何应对最大的'小偷'——微信。"

"我可以早起,上午先工作完,再打开微信;每次用完微信都直接退出,设置一个巨长的密码,再登陆时觉得很麻烦,可能就不想打开了……"

我们要做的不仅仅只是记录"注意力分发",还要进行深度反思。比如,连着记录三天后,我们要观察和反思——哪些事情重复出现,这样我们就可以为重复的事情设立预案。当这种事情再一次出现时,就不用重新花时间去思考和解决,直接照着预案做即可。

在这里提供一份"预案清单"供大家参考。其实很简单,在一张纸上写下5个要素:

1. 重复的事项。
2. 相关的人。
3. 设想的预案。
4. 落实情况。
5. 小结。

大家可以看看小龙列的表格:

重复的事项	相关的人	设想的预案	落实情况	小结
复制影像资料	老师	提前给云盘链接	R	有预案,不慌张
办公室打印、复印	同事小凡	教会小凡如何打印、复印	R	早知道早点教会他就好了
微信、今日头条、微博的重复打开	自己	1.确定打开的时间段 2.确定打开时,想要处理的事情清单,比如打微信语音电话 3.关掉新消息的所有提示信息	R	注意力不那么被即时工具碎片化了!

小龙按照我说的方法给自己设了预案,并一直记录了三天。三天后,进行小结的时候,他发现自己刷微信的次数果然变少了,注意力也比以前更集中了。

小龙很得意地跟我说:"好多事情还没有列上呢,不过归类后脑子清楚多了。我以前脑子经常是蒙的,看到后想都不想就直接去做,有时候压根没有了解具体要做什么。现在,我在做事情之前会先在心里列一个清单,再根据预案决定做什么。而且,同类的事情集中处理其实蛮省时间的。"

"你有没有发现,自己的注意力比以前提高了?"

"是的,每次心里想到什么事情或者再有人找我办事,我就先记录下来,等到做完这一阶段后再处理。而且我还发现,列了清单之后做事情,注意力就比较聚焦。你看,这是我的待办清单。"小龙拿他列的清单给我看,果然是一大串的待办事项。

看到小龙的改变,我也很有成就感。

分时段聚焦注意力

我身边有很多朋友在使用"番茄工作法",这种工作方法的原理很简单——"分时段聚焦注意力",就是选择一个待完成的任务,将番茄时间设为25分钟,专注工作,中途不允许做任何与该任务无关的事。直到番茄时钟响起,然后在纸上画一个"×",短暂休息一下——休息时间不超过五分钟。

这种方式减少了人们注意力不断游离的次数。因为一旦我们的注意力转移开，想要再转回神，至少要多花两倍的时间。

"哈佛幸福课"的首创者泰勒提出："分时段聚焦注意力"就像"阶段性的一夫一妻制"。这就好像一个人或许有过很多次感情经历，可是他却能够对每一次的感情都全心全意投入。

设计"注意力聚焦预案"

我们的大脑已经习惯了对一切事情自动反应，如果可以提前做好预案，就能够减少自动反应的盲目性。比如，习惯刷微信的人可以为自己设计预案——写文案的时候不看微信。这样，当他打开电脑真正开始写作时，就真的会忘掉看微信这件事。

找出注意力容易聚焦的时间或场景

一般来说，清晨时分干扰最少，人的自控力消耗得少，注意力更容易集中。所以在"自控力school"社群中，年度会员田大大创立了"自控力·早起加油团"，倡导大家养成早睡早起的习惯。

田同学常常跟大家分享自己的心得：

我为什么要早起

1.早起的两小时，是一天中最有价值的时间段经过一夜的休息，人的大脑在早晨时处于完全放空的状态，思考效率最高，甚至可以进入类似禅定的状态。

如果我们赖着不起床，非要掐着上班点，然后急急忙忙赶去公司，那么状态最好的时间段就都被浪费在路上了。如果学会高效使用早起的两个小时，正好可以充分利用上班路上的时间来休息和放松。

2. 早晨无人打扰

在白天的工作中，我们往往要同时面对多项任务，工作效率会很低。

有研究表明：同时做两个任务时，每个任务只能得到40%的时间，剩下的20%会浪费在切换上；同时做五个任务时，每个任务只能得到5%的时间，剩下的75%都浪费在切换上了。

早起的两个小时，是我们一天中为数不多的不受打扰的时间段，太难得了！

3. 总时间会变多

"早起一小时，多活两小时"，这句话丝毫不夸张。

长期实践下来，你会有这种感觉：在别人刚起床时，你已经把一天中最重要的工作完成了；在别人刚开始工作时，你已经可以充分享受和利用这一天了。

你变成了时间的主人,而不是被它牵着鼻子走。

学员万万说她特别感谢田大大,正是因为在田大大的带领下,她才能养成早起写作的习惯——她现在每天至少可以写2000字。

很多朋友常常说人生正在慢慢走向被动与无奈。但在我看来,其实不然。我们完全可以设计一个不一样的活法,用自控力拿回生活的主动权,第一步就是训练自己聚焦注意力——置心一处。

小结:

因为不聚焦,我们的注意力容易在太多事情上跳来跳去,让我们疲于奔命。一天下来,我们会身心俱疲。如果管不住情绪,我们就更没有精力去学习与思考了,慢慢地,工作和生活就会恶性循环,乱成一锅粥。所以,毫不夸张地说,注意力在哪里,自控力就在哪里。

mini自控

今天尝试用番茄钟来"分时段聚焦注意力"吧!

欢迎在微博或微信上写下自己的使用体验。

写下来,才是你的。

方法：

1. 记录"注意力分发清单"。
2. 分时段聚焦注意力。
3. 设计"注意力聚焦预案"。
4. 找出注意力容易聚焦的时间或场景。

想要价值最大化,就要自我设限

聚焦边际效应更高的事,能让你以马太效应的方式聚集资源、人气与财富。

在注意力稀缺的时代,我们要想善用自控力,就必须学会聚焦注意力。哪怕一天只有一小时的聚焦,都会让自控力的价值最大化,更何况一个人的自控力是有限的,所以,更要"好钢用在刀刃上"。

几年前,我的同事编辑了一本叫作《少做一点不会死》的书,后来,大陆中文版把书名改成了《少的力量——越简单越厉害的工作生活双赢法则》。当时,这位同事刚好离职,我就协助他做了一点扫尾工作。

看稿子时,我非常有感触,甚至将"少的力量"当成了自己的座右铭,提醒自己"自我设限",因为"没有限制,一个人永远不可能强大"。

在一个"人生不设限"的世界里,提倡大家"自我限制"似乎是一件逆势而行的事,也很反人性。

每个人似乎都知道"少就是多""极简生活"的道理,却总是做不到。知道却做不到,主要是因为"知而不到",所以难以行动。

除此之外,还有一个原因——缺乏成功的践行体验,从未体会过这么做的好处,自然没有动力坚持下去。

那么《少的力量》这本书的作者里奥·巴伯塔(Leo Babauta)是如何做到的呢?他在书里揭示了这样的秘诀:

每次只关注一个目标,养成19个好习惯

几年前,里奥·巴伯塔还是这样一个人:负债累累,工作日程爆满,极少陪伴家人。这些压力让他每天暴饮暴食,大量吸烟。由此带来的后果就是体重超标,身体长期处于亚健康状态。

可以想象,这样的人肯定也不爱锻炼,而事实也确实如此。里奥·巴伯塔很不满意自己的工作,却又不知道该怎么办。他的生活就像一团乱麻,压根就没时间做自己爱做的事。

他觉得不能再这样下去了，决心改变现状。于是，他做了一个"简化生活，做出积极的改变"的决定，第一步就是戒烟——唤醒自我意识，将自控力用于好习惯的养成中，并控制自己想要抽烟的冲动。

像很多烟民一样，里奥·巴伯塔过去也曾反复戒烟，但是都失败了。可没想到的是，这次的"自控力+专注"策略竟然让他成功地戒掉了烟瘾。

采取同样的方法，里奥·巴伯塔还养成了其他19个好习惯：

1. 每天慢跑。
2. 健康饮食。
3. 做事更有条理、更高效。
4. 接受训练，跑完两次马拉松。
5. 做两份工作，收入翻一番。
6. 每天早起（凌晨四点起床）。
7. 成为素食主义者。
8. 参加两次铁人三项全能比赛。
9. 成功经营博客"禅习惯"（Zen Habits）。
10. 还清所有债务。
11. 存下人生第一笔应急基金。

12. 简化日常生活。

13. 清理家中杂物。

14. 体重减轻四十磅（约十八公斤）。

15. 撰写并出版两本畅销电子书。

16. 写完一部小说的初稿。

17. 辞掉工作，在家创业。

18. 成功经营第二个博客，内容主要针对作家的"写以致用"（Write To Done）。

19. 出版《少的力量》。

在做这些事的同时，他还养育了六个可爱的孩子。

听起来很惊人，却又让人羡慕不已，不是吗？这就是少的力量。

看到这样的案例，相信有的人可能已经摩拳擦掌，跃跃欲试了。那么，接下来该怎么做呢？

自我设限，减少手头的事

实话说，自我设限，减少手头的事并不是一件容易的事。因为我们的大脑习惯于自动反应，遇到好的东西就想要，非常贪婪。比如经济学研究里的"损失厌恶"原理，说的就是人们在面对同样数量的收益和损失时，会认为损失更加令他们难以忍受，同量的损失带来的负效用是同量收益带来的正效用的2.5倍。

人性如此，如果硬要自己去挑战人性，恐怕会难以成功。不过，还是有很多方法可以帮助自己聚焦注意力的：

1. 抓住重点，舍弃其他

在舍弃之前，先抓住重点，这样我们的注意力就会被重点内容带走，在无形中规避了"损失厌恶"的心理，又能让我们尝到聚焦的甜头。

我的朋友姗姗很爱"买买买"，她的网络购物车常常爆满，这让她经常自嘲："我有很多车，嗯，购物车。"

清理购物车对她来说异常痛苦，简直就像杀了她一样。而每次"买买买"后，她都发誓再也不买了，结果下次还是老样子。

有一次，她跟我聊天，问我应该如何克服自己的"网购瘾"，我建议她先尝试一段时间只重点买一种东西。

她想了想，刚好秋冬季节嘴唇太干，所以她就先只看护唇类的东西，而后不断跟我分享哪种唇膏滋润，哪种有修复效果。一段时间下来，她成了"护唇达人"，好多朋友都来请教她。

这让她非常自豪，她说，自己终于不焦虑了，重点关注一样东西让她有了自控力，而且又通过聚焦的方式帮助了其他朋友。

2. 连哄带骗的"结构化拖延法"

我们的心态很微妙,往往觉得开始做一件事情很困难,如果"to do list"(待办事项列表)上的第一件事情很重要,我们就会一直拖延着不去做,从而陷入"行动停顿焦虑"——无所事事却又焦虑重重。

《拖延一点也无妨》这本书提供了一个妙招儿——"结构化拖延法"。"to do list"的第一项,是看起来最紧急、最重要的事,其他要做的事情都排在它后面。

完成后边这些任务,就成了避免去做清单最上方的任务的一种手段。借助于这种排列得当的任务搭配,拖延人士变成了有用的人!事实上,他们甚至还能像我一样赢得"做事高效"的好名声。

这种方法就好似对我们的大脑"连哄带骗"——将我们从拖延着什么都不做,或深陷于其中的某个抉择困境中拯救出来,将注意力放在完成后面任务的行动上。

这不仅抵消了拖延的焦虑感,还让我们把拖延"变废为宝"。

3. 有限聚焦——单核工作法图解

《番茄工作法图解》的作者出了一本新书，叫《单核工作法图解》。在书中，他建议大家在半点或者整点的时候，根据优先级别列出五件事情，如果想增加新的，就要从中划掉一个，永远保持五个。同时，每一个番茄钟都专注于从第一件事做起——这就是在有限的范围内让自己聚焦。

前几年，我参与编辑了《从三分钟热度到一万个小时》这本书——它的台湾版译名叫《热情人生的冰激凌哲学》，作者主张当我们面对太多诱惑无法保持专注，同时又"选择困难"时，一次只给自己设立四项任务，如果有新的就替换掉一个。

这就像面对琳琅满目的冰激凌柜台，我们可以一次只选择四种口味的冰激凌，这样既能够多样品尝，又能保持一定程度的注意力聚焦。

有限聚焦也能让你把"意志力储备"花在重要的人或事上。

聚焦于边际效应更高的事

上面的三个小策略，相信能够在一定程度上协助你更充分地使用"意志力储备"，平衡心理上的即时满足感以及长期需求。

对于我个人来说，我最有体会的是另一个原则——聚焦于边际效应更高的事。因为它的穿透力最强，可以跨越时间、人群之间的重重鸿沟。

我有一位朋友，刚开始创业的时候，他没有找准方向，后来专注于做公众号，成功吸引了很多用户关注。当他的公众号做到拥有百万粉丝时，他又开始不断思考接下来该怎么做？最后，他选择了做某平台的付费节目。他动用了所有的资源做到了平台的第一名，然后在下一个平台又做到了第一名。

就这样，每一次的第一名都让更多用户记住了他的名字，经过若干次叠加后，他制作的付费节目的影响力像滚雪球一样越滚越大，业界穿透力也越来越强。

这就是聚焦的魔力。

与其一段时间做100件事，不如只专心聚焦一件事，并且做到第一名！要知道，世界正在奖励这样做的人——以马太效应聚集资源、人气与财富的人。

边际效应最高的筛选标准，除了第一名，就是时间——时间的复利可谓天下无双。想要善用时间的复利，就要做与时间成正比的事。就像巴菲特所说的那样——"人生就像滚雪球，重要的是发现很湿的雪和很长的坡"。

而时间的复利，唯有通过不断的成长来完成。

小结：

只有被聚焦的注意力，才是善用自控力的最优化方案。哪怕一天一小时的聚焦，都会让它的价值最大化。而且，一个人的自控力有限，要用到刀刃上。

mini 自控

尝试读一读《拖延一点也无妨》这本书，详细了解"结构化拖延法"是怎么一回事吧!

欢迎你在微博或微信上写下自己的使用体验。

写下来，才是你的。

方法：

1. 每次只关注一个目标，养成19个好习惯。

2. 自我设限，减少手头的事。

①抓住重点，舍弃其他。

②连哄带骗的"结构化拖延法"。

③有限聚焦——单核工作法图解。

3. 聚焦边际效应更高的事。

适度自由，适当自控

我们既需要适度的自由，也要有适当的自控，这样才能找到自己的节奏感。

为什么大家都觉得需要自控，却又觉得它很苦？

既然很多人天生"放浪不羁爱自由"，那么自控真是反人性的吗？

如何顺着人性走，既能让自己长期受益，又能短期爽快呢？

每每提到自控，我就想起某一期的《奔跑吧，兄弟》中，容祖儿用"港式普通话"说："你要控制你自己。"每次朋友间开玩笑，就会有人学一遍，这种感觉很好玩。

但奇怪的是，等到真正讲起自控时，往往会看到对方一头"黑线"，似乎不到万不得已，怎么都不愿意把自己逼到"自控"这步田地。

自控真的反人性吗？

KTV（提供影音设备与视唱空间的场所）热歌榜中，Beyond乐队主唱黄家驹的《海阔天空》常位列其中，"原谅我一生放荡不羁爱自由"也成为经典名句,唱出了很多人的心声。每次听到这首歌的时候,我都在想,人们似乎很希望表达自己对自由的热爱,可一旦回到日常生活中,一般人都会努力自控、规矩上班,好好过日子。

自控真的反人性吗?

在我看来,事实恰恰相反。自控与自由都是人类的本能反应,就像硬币的两面,缺一不可。太过自控,我们就会像活在囚牢里一样,不得呼吸;太过自由,我们又会像活在"自由"的概念中,为自己画地为牢。

日常生活中,我们既需要适度的自由,也需要适当的自控,这样才能找到自己的节奏感。

比如,站在人类进化的角度看,从远古时代开始,能否做出正确的抉择,不仅影响个人的生活,更影响部落的存亡。

引用《自控力》中的一段话,或许你会更容易理解:

十万年前,你是一个处于进化链顶端的智人(Homo sapiens),拥有一般动物不具备的拇指、能够直立的脊椎和可以发声的舌骨。你当时已经能相当熟练地生火了,还会制造锋利的石器,用来给水牛和河马开膛破肚。

仅仅在几代人之前,人类的生活还相当简单,只需要寻找晚餐、繁衍生息和避开食人鳄就够了。智人只有互助才能求生,因此部落里的人们关系都很密切,你的首要任务就是"别惹火其他人"。

部落里的人们相互合作、共享资源,因此你做事不能随心所欲。你要是偷了别人的水牛肉或抢了别人的配偶,就可能被逐出部落或杀掉。

这段话可能听起来有点复杂,但其实是说人们出于生存竞争的需要自动选择了意志力。人性的变化不大,但社会协作越来越复杂,人们越来越需要自控力,不断更新"自控力肌肉"才能跟得上时代。

所以,自控不仅区分了人和动物,也区分了每一个人。

为什么有的人能更好地控制自己的注意力、情绪和行为?

经常有朋友问,为什么有的人意志力更强?原因在哪里?

其实,这取决于我们做事时的两大价值取向:长线效应和即时激励。

长线效应主要针对的是生活中那些重要不紧急的事情。比如,纪录片《寿司之神》里,小野二郎毕生追求创造完美寿司。他在寿司上倾注了自己的满腔热情,多年来,他一直享受着制作寿司时点点滴滴的快乐。

即时激励与长线效应相反,它专注于短期发生的事情。比如微信消息的更新,炎热的夏天吃一个冰激凌,打游戏打到天昏地暗,看喜欢的美剧直到手机没电……

是不是觉得这些场景都很熟悉?

很明显,长线效应与即时激励都必不可少,我们的内心常常会为此矛盾不已。当我们的身心能量足够时,心智就会"调拨"自控所需要的能量给重要不紧急的事情,比如锻炼身体,陪父母好好说会儿话……

而身心能量匮乏时,我们的大脑就会自动选择"划拨"应急。于是,紧急而重要的事、紧急而不重要的事情便轮番上阵了。当然,我们也就成了不断跑来跑去的"救火队员"。

人本就是贪心的动物,既想要长线看积累受益,又想图一时爽快,于是就在两种价值观之间不断取舍,互相博弈。人之所以失控,很多时候是因为忍受不了哪怕多一秒的等待——"我要,马上就要"的潜意识让大脑选择了即时激励,放弃了长线效应。

而在现实中,想要一个好身材,唯有管住嘴,迈开腿。好身材不是一时就能练就的,势必需要一段较长的时间(长线效应),如此就必须放弃即时激励。

如何让意志力更强?答案是:找出能够让自己长期满足的

价值需求，然后为了长线效应，延迟满足感，获得最终的即时激励。

或者，将长线分割成一个个短期小目标，完成小目标后得到即时激励，一点点持续获得满足感。久而久之，也就更容易控制自己的注意力、情绪与意志力了。

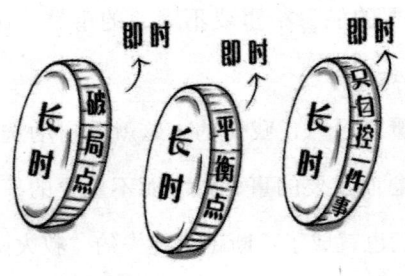

长线与即时：破局点

如何找到长线效应和即时激励之间的破局点呢？

举个例子，我的朋友Fiona的老公是一位坚持"价值投资"的人，他平时特别省吃俭用，一个月的生活费只有500块钱。当然，在南京，普通人一个月生活费500元就足够了。但你能想象吗？他是个企业高管，年薪百万，居然能做到一个月的生活费只有500元！

其实，他并不是舍不得花钱，只不过是把生活费之外的所有钱都投入到"价值投资"中去了。

所谓价值投资,就是那些要花很久的时间才能看到长期收益的投资。

比如,他之前买了格力电器的股票,前两年这只股票跌得一塌糊涂,很多人恨不得马上割肉平仓。他倒好,反而扛着压力不断买进。终于,这两年格力电器的股价开始不断上扬,他也因此大赚了一笔。

到这时,他才用股票获得的收益给自己买了一套好西装——堪称"延迟满足的高手"。

"食色性也",有谁不喜欢华服美食呢?Fiona说,她老公也喜欢享受生活。但自从开始价值投资后,他便找到了自己的兴趣点,甘愿通过降低自己的即时满足感来进行投资,以期获得更大的财务自由。

他就这样坚持了数年,到现在早已实现了当初的目标,获得了长线效应。

这个例子或许有些极端。但我们可以看到,**处理长期、短期矛盾的破局点,首先是找到激励你长期走下去的价值,或者叫价值观。**

当你产生失控、矛盾、纠结的时候,就可以停下来,想想自己当时在想什么,思考一下自己最深层的意图是什么。

比如，常常会"路怒症"爆发的老司机大春，他每次都会因为旁边的车不遵守交通规则而大发雷霆，故意别别人的车。

一次，上班路上，坐在副驾驶座上的我忍不住问他："你想让对方认真开车，遵纪守法有规矩，对吗？"他想了一下，点了点头。然后，我再往深一层挖："那你更看重公平、公正相待的价值观，还是人应该靠谱的价值观？"

"嗯，前者，我希望无论在哪里，人们都能够公平相待，不要随意破坏规则。"

聊完这些，我再看大春，感觉他平静多了。

当一个人被他人说出诉求后，他会觉得自己被理解，情绪自然就变得稳定多了。

长线与即时：平衡点

说到这里，可能你还是觉得很困难。那有没有一个相对平衡的方式呢？有，那就是在长期和短期间找到一个相对舒服的搭配比例，寻求二者之间的平衡点。

2011年的时候，我做了一个决定：努力只做与时间成正比的事，让时间成为自己的朋友。当时，在我所服务的图书公司里，快消品为数不少，但生命周期超过一年期的书并不太多，几乎每年都要重新开始。

我考察了很多同行，发现有一家公司就是靠长销书持家，他家每年的加印产品数占所有产品数的50%以上。于是,我想,是不是可以参照这家公司的模式,把出版长销书作为自己的试行方式呢?

比如,在我操作的产品中,长销书第一年贡献的效益占比为10~20%,第二年长到了30%。虽然这样做的结果是直到第四年我才能做到像同行那样,不过没关系,至少对于现在来说,那些长销书依然可以让我维持温饱,不会对我的工作和生活产生太大影响,而长销书也会逐渐为我兑换更多自由时间。

以时间换自由,也是一个相对的平衡。

令我没想到的是,2012年出版的《自控力》超级火爆,它带来的效益贡献比直接超过了200%。可是,就算没有这本书,我相信四年的等待也一定可以让自己获得想要的小目标。比如,名不见经传的《奇特的一生》这本书,这些年来的累计销量早就超过了10万册——这就是我最喜欢的长销书状态:自我营销,好书,让读者受益。

2015年起,我开始进入自己图书编辑生涯的高光时期——年入数十万,有一年甚至接近百万。很多人对我表示羡慕。但我想说,这一结果我早就料到了,并且已经耐心等了很久。

我相信对于大部分人来说,平衡点并不难找到,只要你敢坐下来直面现实,往前多想一两年,就能找到一个让自己舒服的点。每次我跟同事这么说时,发现他们都是一副不肯相信的样子。

然而,事实就是这样。如果你不去尝试,就算我说再多又有什么用呢?

长期与即时:每天,只自控当天最重要的一件事

从长期来看,自控是容易的,但如果只放在一天,可能会有点难。尤其是很多人都期待的时时、事事自控,在我看来,那是根本不可能的事情。

从目前可行的情况看,如果我们能够在一天内最好的身心能量时段——比如早晨——完成当天自己觉得最重要的一件事,就可以说今天自控成功了。其他时候可以放松一点,该娱乐就去娱乐,不必让自己成为苦行僧。

只要坚持"每天只自控当天最重要的一件事"这个小习惯,长此以往,会给你带来意想不到的成就感。

成就感是不断累积的。我相信,只要找到适合自己的节奏感,你就会从自控走向自律,获得人生的掌控感,过上自由自在的生活。

小结:

自控与自由都是人类的本能反应,就像硬币的两面,缺一不可。日常生活中，我们既需要适度的自由，也需要适当的自控，才能找到属于自己的节奏感。

mini 自控

今天尝试自控一件事吧，当天最重要的一件事就好。

在微博或微信上写下你的体验与心得。

写下来，才是你的。

方法：

1. 找到激励你长期走下去的价值。

2. 找到目标与价值之间的平衡点。

3. 每天只自控当天最重要的一件事。

把问题变成愿望，哪还会有拖延

愿望是自控力的源泉。

我们的大脑常常处于自动驾驶、自动反应的模式中，所以，在训练注意力、自控力的过程中，很多人会注意到，似乎总有很多"心里话"潜伏在我们的心底，不断产生自我暗示。就好像内心装了一个"小喇叭"，有另一个"我"在不断讲话。

这些声音就是我们认知的一部分，一个人的自控或者失控都可以通过它感知到。

对内，我们允许自我的"小喇叭"正常广播，想自己所想，追随自己的感觉，放弃控制内心的感受；对外，我们更容易控制行动，驾驭冲动。

接下来，我就以拖延症为例详细来说。

说起拖延症，恐怕每个人都会不自觉地对号入座，乐于为自己贴上"拖拉机"的标签，给人一种"世界上人人都有拖延症"的错觉。其实，拖延、抑郁、强迫的症状绝大多数人都有，但真正严重到"症"的人却不多。

一旦给自己贴上标签，自编自导自演一台内心戏，这时候，自我暗示、自我预言就开始起作用，某些"症"恐怕真就粘着你不走了。

先摘掉"拖延症"的标签

美国著名心理治疗专家威廉·克瑙斯在《终结拖延症》一书中，将拖延归为四类：

1. 期限性拖延

与时间节点、期限相关的拖延，比如总是在最后一分钟才开始工作，最后一晚熬夜做方案，第二天一早匆匆上交等。

2. 个人事务拖延

跟个人相关的事务，比如大龄未婚男女对于相亲这件事，总觉得属于重要不紧急的事，永远没有deadline（截止日期）。或见了一个又一个相亲对象，总觉得不满意，可是又说不清楚自己到底想找什么样的人共度一生。

3.简单拖延

比如,下楼扔垃圾这样的小事,从昨天拖到今天。

4.复杂拖延

这类拖延包括多层或多重因素,往往暗藏"完美主义"。

虽说是四类,可是也有很多交叉,真正称得上是"拖延症"的大概是第四类的部分情形。所以,当拖延再次发生时,记得先暗示自己:"我只是有些拖延行为罢了。"仅此一点,就能在某种程度上规避"Self-fulfilling Prophecy(自我实现的预言)"。

影视剧中常有"小心你的愿望,因为它会成真"的警告,那就是担心预期成真的反映。

拖延,加速损耗"意志力储备"

不过,哪怕只是看上去很简单的拖延、逃避行为,也包括认知、情绪和行为三方面。

比如,信用卡还款日通常是每个月的25号,我的朋友东东却总拖着不还,她觉得信用卡像一个难以填满的"无底洞"。这令她心理压力很大,她认为自己很差劲,总是质问自己为什么钱总是挣得不够?

于是,她变得焦虑、沮丧、难过,宁肯打通宵游戏,也不愿意拆开账单看看具体的还款金额,以至于被银行告知即将被列入下一批"失信黑名单"。她越试图压抑或摆脱这些情绪,就越心累,越拖延。

从自控力的角度看,她对卡债的抗拒和不接受恰恰导致了"意志力能量"的加速损耗,再加上她自己也认为"拖延是不对的""我应该及时还款,可是没有能力做",这都让她万分羞愧,信心加倍损耗。

直面现实,对内"允许"自我

东东找我咨询,我给出的建议是直面现实,对内接纳自我。

她听完不耐烦地说:"那我具体该怎么办呢?"

我给出的意见是:"首先该面对现实,看看账单上的具体数目以及逾期还款的时长,将其写在纸上。再给信用卡中心打电话,具体问问逾期还款的利率是多少,也把它写下来,自己算一算账。"

听到这里,她依然是一脸愁容。于是,我找来纸和笔,帮她一笔笔写下来。看到最终的数字,东东舒了一口气。

这就是直面现实的好处:可以让我们从无边无际的恐惧、猜测中挣脱出来,看到现实的边界,不再放任大脑"自动驾驶"。

接着,我陪她一起静坐了5分钟,让她倾听一下脑中的"窃窃私语",听一听大脑都讲了什么。

东东艰难地熬完5分钟,异常痛苦地说:"从小到大我都是优等生，被人宠着，可以说是一帆风顺。可是现在我的人生真跌到谷底了，满脑子都是自责声和别人的指责声。我想逃跑，想捂着耳朵不听，可是又关不上心里的'小喇叭'。"

我深表同情："你能接受自己的这些情绪与声音吗？"

东东："接受不了，太难受了！"

我说："试试用这些暗示如何？我之前觉得自己很被动，被迫接受卡债，现在我选择面对，我选择让自己努力接受情绪；如果暂时不能接受，我允许自己暂时不接受，允许自己暂时不能独自面对现实，允许这样糟糕的情况发生，允许暂时没有能力办到……"

东东照着念了几遍，每念一次似乎都更轻松了一些。

她的抗拒一方面来自她无法接受自己要面对的难题与情绪，另一方面来自她的状态。在将自我暗示从"勉为其难地接受"换作"相对轻松地允许"，将被动态换到主动态——"我是被迫的"被换成了"我选择"之后，她背负的沉重枷锁也就减轻了，自然也就能够接受真实的现实。

看到东东情绪平复后，我们一起用"WOOP"思维心理学分析了她的还款计划，提前预设了数种情形以及解决预案。为此，东东很感谢我，并决心按照解决方案身体力行。

对外，控制行动

认识自我、关心自我、提醒自己真正重要的事物，是自我控制的三块基石。

当一个人能够更多地认识自己，发自内心地关心自我，面对不能接受的难题时选择原谅自己，在出现偶尔的消极、抵触情绪后迅速恢复理性，他自然能控制自己的行为，知道哪些事情该做，哪些事情不该做。

对东东来说，认识到信用卡债对自己的恶劣影响，由此调整接下来的消费计划，是真正关心自己的表现。毕竟，因死拖着债务不还而衍生出来的情绪太过"虐心"，而且自己还会因为逾期太久被列入失信黑名单，真的后患无穷。

拖延的根本原因是信心不足

一位老师曾给过我珍贵的教导："你对自己做的事情要有信心，无论遇到什么样的事情都不要动摇。'开弓没有回头箭'，抉择了就不能回头。无论做好做坏，都不能回头……无论喜不喜欢，该做的事当做就做。"试想，对内自我不纠结，对外行动清清楚楚，又怎么会拖延呢？

说到拖延，这位老师还说："拖延的根本原因是信心不足。"

其实，我们日常的许多行为都是在与自己对抗或逃避，内心负向的力量不断累积，烦恼太多了。所以，一旦拖延来袭，"意志力储备"就会先行消耗殆尽，如此，我们又怎能清醒地控制自己的情绪与行为呢？

将烦恼变成愿望

既然烦恼这么多，与其与它作战，倒不如反向操作，将其转化为愿望——每一个愿望都会带来正向的力量，你有多少烦恼，转化后就有多大的能量。

我每年都会写未来愿望清单，每次提起愿望，我的眼睛就开始发亮：

新疆阿拉泰徒步

去南京看梅花

游历世界

学习摄影

每年陪父母过生日

成为非暴力沟通/同理心高手

提升审美能力

持续写作

……

类似这样的愿望清单，我每年都会写。无聊的时候，我就会专门挑一件来做，做完后心里十分满足。而且，我会特别选在生日那天写，因为生日那天一般是我情绪最低落的时候：这么大了还一事无成。不过，写完未来清单之后，心情就转好了——我就又能充满希望地过好之后的每一天。

现在想想，未来清单虽然简单，但它最有用的地方是把人拉到未来，让人活在未来，看到未来的希望，而不是陷在过往的泥沼和现实的困顿中。

每天都是全新的一天——我们对未来充满期待，思想和身心就都会被解放，人自然容易释怀。

把问题变成愿望

有一次，我去参加一位老师的课程，一起上课的一位同学说话间满是抱怨，我不禁联想到从前的自己。是的，此前的我就像这位同学一样。而现在，在碰到烦心事时，我会选择利用思维转换把抱怨变成愿望。比如，把"真烦人，怎么又来了一堆事"变成"真希望自己有一天不再被琐事缠身"。

愿望，再怎么讲，一般都是正面的、积极的。这并不是说我们要无视或者逃避人生的问题，而是在面对一切时，可以主动选择接受发生的，主动选择去面对、解决。

小结：

对内，允许自我的"小喇叭"正常广播，想自己所想，追随自己的感觉，放弃控制内心的感受；对外，控制行动，驾驭冲动。

mini 自控

今天,尝试着把内心的一个问题变成一个愿望吧!

欢迎在微博或微信上写下自己的体验与心得。

写下来,才是你的。

方法:

1. 先摘掉"拖延症"的标签。

2. 直面现实,对内"允许"自我。

3. 对外,控制行动。

4. 将烦恼变成愿望。

5. 把问题变成愿望。

你怎么看时间，是自控力的底层逻辑

当你能够看到未来的人生大方向时，你反而会更有耐心，让自己在日常生活中做到轻松自控。

很多人羡慕所谓的成功人士、社会名流。其实，今天我们所看到的成功人士，都是经过很长时间的积累，其才华与能力才显露出来的——时间变成了一种积累，依靠不断积累，成功的结果才得以显现。

自控，从横向看，是精力的分配和注意力的分发。不同的事情有不同的价值或结果，慢慢地，在纵向上便成为时间线的积累，以微习惯、习惯的方式持续沉淀，累积成为你人生的故事。

从纵向看，自控需要衡量时间的长短：长期目标、短期（当下）目标，然后再在每一天中横向分配精力与注意力。这就牵扯到我们每一个人的时间观，你如何看待时间，决定了你如何面对人生的种种选择。这些大方向的选择，恰恰成就了一个人人生的效率。

有时候，我们会高估自己短期的进步，而忽视长达数年、十年甚至数十年的积累。不夸张地说，每天是否能自控到你满意，从长远来看并没有那么重要。可是，其沿着一条核心主线日积月累的价值，才是最为可观的。

所以，将"时间观"称为自控力的"底层逻辑"，并非夸大其词。方向对了，每天慢一点、快一点都没什么，失控了也没什么大不了的。只要你一直朝着同一个方向走下去，不断累加，最后沉淀下来，人生脉络就会截然不同。

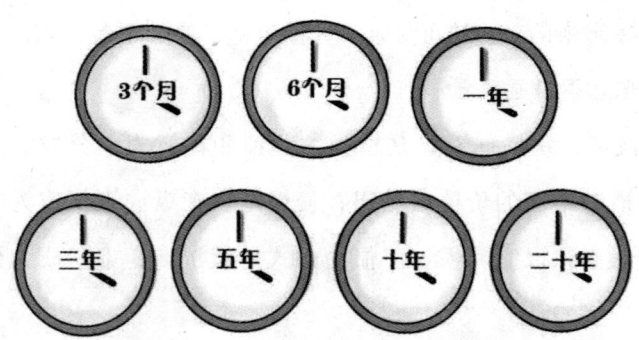

做与时间成正比的事

在"自控力school"社群中，很多人都有许多苦恼，辛辛苦苦忙了一天却成果不多，人就会变得浮躁而焦虑。有的人会跑来跟我聊天，如日常意志力的储备、对自我的了解等，当然也会涉及人生规划之类的大话题。我发现，30岁的人大多焦虑自己一无所成，而35岁的人们普遍有一种焦虑——结婚了，有孩子了，事业发展到一定程度了，但似乎已经没有激情，人生也就这样子了。他们都想要自控，却既没有动力，又缺乏目标。

在企业里，也有一些"35岁现象"，比如在IT（互联网技术）行业，由于信息更新太快，从业人员几乎每一年都要从头学习新东西，不然就落伍了。很多IT企业的员工会在35岁左右离职，但他们却面临着房贷、车贷和教育孩子、赡养老人等压力，很有危机感。很多企业里，35岁以上的员工如果无法升职，真不知道该何去何从。

对于有10年以上工作经验的人群（如果23岁大学毕业就开始工作的话）来说，与其谈每天自控，倒不如谈更长时段的人生规划或者生命规划，即大方向。而大方向会与时间有关，比如，你是否找到了自己热爱的事业？你想要继续现在的生活，就这样一直到老吗？

在这些审视之中，有一个声音引起了我的注意，我将它推荐给大家——所谓"大方向"，无非选择做与时间成正比的事。用好时间复利，价值也随着时间的增长而增长。符合这个标准的行业有很多，比如学术研究、内容产品研发等。

听过《冬吴相对论》节目的人，相信都会记得总是令人捧腹大笑的梁冬。梁冬之前在凤凰卫视工作,然后进入百度,现在创办了正安中医。中医就是一桩"与时间成正比的事业",梁冬选择这一行当也是看到了中医的真正价值。尤其在古代,越老的中医积累的病例越多,经验也就越丰富,所以看人很透彻。

选择以多久的时间段来衡量

朋友的弟弟小易最初在某地的城乡接合部开饭店,生意挺红火。不料后来遇到拆迁,他没找到合适的店面,于是就决定先开一段时间出租车,再看看做什么,结果一开就是好几年。

有一次,我回家,他开车去接我。聊天时,他说到了自己的困惑与疲惫。我就问他平均一小时能赚多少,他告诉我,自己一天至少开10小时,一个月才赚4000多块钱。

于是,我建议他试试找"与时间成正比的事"来做,或者从中训练"与时间成正比的能力"。

比如,同样是开车拉活儿,他可以改开快车、专车,或者像其他人那样建立信息圈,通过乘车人的需求信息匹配相应的车辆信息。例如,有一次我半夜从机场回来,就约了一个开专车的朋友,他仅等了我3小时,就赚了288元。

所谓"与时间成正比的能力",是指通用的能力,比如沟通能力、观察能力和语言表达能力等。哪怕开出租,也要做一个训练有素的司机。刘润曾在《一个出租车司机给我上的MBA

课》中写道,做出租车司机也可以用科学的方法,做统计、成本核算等。其实,这些能力在任何"行当+岗位"上都可以得到训练,哪怕是限制超多、垂直而狭窄的领域。

等再长一段时间,就可以以"年"来计算,进而套用到人生规划领域。比如,你刚大学毕业,正面临选择工作。这时,你可以多做一些准备工作,对自己心仪的职业、岗位做调研,看看所属的行业处于朝阳上升期还是衰落夕阳期。像现在传统媒体行业衰落,编辑不如之前吃香,很多编辑高手就跳槽到新媒体、自媒体行业,刚好恰逢其时地迎来了发展的风口。

确定了人生大方向,你会发现,自控这件事没那么难——既没必要把自己逼得那么狠,又能有足够的精进动力。自控就像你的一根"琴弦",当你松懈的时候督促你一下,让你善用自控力完成想做的事;而当你自控太强、压力太大的时候,它又会让你"松"一会儿,放松下来储备能量,厚积薄发。

这时候,自控就会变成一个好工具,帮助你掌控时间与生活,从自律走向精进。

现在的自己与未来的自己(自我的连续性)

能够确定人生大方向的人对于未来都有一个相对清晰的想象,对于我们来说,这自然再理想不过了。不过,我相信,绝大部分人很少能充分地考虑未来,更不用说看清未来的模样了。

因此，大多数时候，人们的前额灰质无法真正带来自控，而是一而再、再而三地屈服于即刻的满足感，非理性似乎永远是我们生活的"主色调"。

不信就问问狂刷信用卡的朋友们吧。他们一旦看到心仪的好东西，就会一股脑儿地买买买，压根不记得利率有多高！买了之后呢？明天再还债呗，债务累累，只能分期分期再分期，毫无自控可言。

那么，如何终止这种"即刻满足"的循环呢？

方法就是——让未来的自己帮忙。

1. 做好拒绝诱惑的准备

在诱惑到来之前，提前做出预案。比如，期待三至六个月后能瘦下来的同学，在狂吃甜点之前，可以先准备好一份蔬菜沙拉；点油腻腻的外卖前，先用自动电饭煲煮一锅健康的藜麦饭……

2. 让诱惑不那么容易发生

朋友小艾一直想存钱，她希望到2017年的时候，自己可以攒够钱参加某旅行社的美国大学"游学之旅"。可是她总管不住自己，一碰到想买的东西就狂刷信用卡。

为此，她为自己"破釜沉舟"了一次——剪掉所有的信用卡，出门只带少量的现金。遇到好东西的诱惑时，这些障碍要么让她延迟一段时间再买,要么最后直接就忘记了。

2017年,她如愿以偿地参加了游学旅行,连拍了好多照片发朋友圈。在照片的上方,她写道:"一年前的我,感谢未来的自己。"

3.给未来的自己写一封信,遇见他/她

明确人生的大方向,从某种程度上来说是对未来有一个相对清晰的模样,所以才能够躲开追逐"即刻满足",让未来的自己做主。可是,如果有的人不知道未来做什么,那又该怎么办?

我建议你给未来的自己写一封信,年限不定——一年、两年都可以。时间的长度从现在拉到未来哪个时段并不重要,重要的是你能够带着更长的时间线,用不一样的视角重新审视当下做的一切,具备跳脱当下烦恼的能力。

现在想来,我会感谢2010-2011年的自己。当时的我一反常态,为自己确立了做长销书的目标,将常规书的寿命从例行的一年拉长到两年、三年甚至五年。因为自己期望做的书都属于长销书,为我赢取了更多的时间,帮助我从即时反馈"置换"到长线思考。

在思考的过程中,我渐渐地看到了自己的尽头,开始思考人这一辈子为什么活着,最终想要什么,又在不经意间看到了

一个更遥远、更长久的未来。于是，在2017年7月，已经35岁的我——一个单身文艺女青年——正式告别北京，换到另一条崭新的人生跑道。

我敢，是相信未来；我相信，所以我敢。

愿你也能早早地遇见未来的自己。你会发现，当你能够看到未来的人生大方向时，你反而会更有耐心，让自己在日常生活中自控起来。哪怕今天没有做到，你也并不会像之前那样慌张而自责。慢慢地，自控就会逐渐回归到它本身的价值，作为一种工具和资源而存在，帮助我们掌控时间与生活，从自律走向自由。

小结：

自控，从横向看，是精力的分配和注意力的分发，即将精力和注意力分到哪些事情上去。从纵向看，自控需要衡量时间的长短：长期目标、短期（当下）目标，然后再在每一天中横向分配精力与注意力。

mini自控

回想一下有没有坚持一年以上的习惯？如果有，这个习惯是什么？如果没有，未来对于习惯的培养有哪些想法呢？

欢迎在微博或微信上写下你的体验与心得。

写下来,才是你的。

方法:

1.做与时间成正比的事。

2.选择以多久的时间段来衡量事情的价值。

3.坚持一件事做五年。

4.做好拒绝诱惑的准备。

5.杜绝诱惑发生的条件。

6.给未来的自己写一封信。

人生不是追求完美，而是选择最优

让自己每天至少犯错一次吧，让犯错变得轻松、自在。打破原有的僵局，从点点滴滴中走向自控又自在的生活。

在社群中，你会发现，很多人虽然奔着同样的目标而去，比如想养成一个静坐的好习惯，却各自有着不同的动机。有的人想要控制自己的情绪，让自己脾气变得好一些；有的人因为有朋友学，自己感到好奇而参加；也有些人则渴望得到别人的瞩目与赞赏。

前者的关注点在自己，所以，在心神不宁的时候会努力找办法，多请教；后两者的关注点在外界，在得到他人的认可或赞赏后就会把一切都还给老师。可想而知，在遇到困难时，前者的自控能力会更强。

或许你觉得这没什么，确实，从小的地方看真没什么。然而，我们可以从细微之处发现——选择向内看的人心怀乐观与积极，在其他方面也较多向内开发，从自己身上找原因，不断调试成长；而选择向外求的人较为悲观、消极，遇到问题时会抱怨社会和他人，将原因归结于难以改变的局面或情形，不做更多的努力。

某种程度上，两者都是对的，但是由此带来的人生却截然不同。究其原因，前者造就了"成长型思维"，后者则陷入了"僵固型思维"。

为什么有的人愿意主动自控，让自己变得更好？

哥伦比亚大学心理学教授卡罗尔·德韦克专门写了一本书——《看见成长的自己》（新版改名为《终身成长》），她在书里深刻地剖析了"成长型思维"（内在动机）与"僵固型思维"（外在动机）的不同。

在她看来，"成长型思维"的人认为命由我定，很多事情都是可以改变的，努力比天赋更重要。这种类型的人在遇到困难和挑战时，意志力会更强，甚至百折不挠，不惜多方寻求解决方案。

与之相反，"僵固型思维"的人意志力较为薄弱，难以控制自己的脾气和情绪，常常是人们口中的"抱怨鬼"。

"哈佛幸福课"的讲师泰勒在《幸福超越完美》这本书中也讲过类似的区分："最优主义"与"完美主义"。有趣的是，拥有"成长型思维"的人多采取"最优主义"的策略，遇到困难时会不断改进、优化，每一次都会更完善一些。

而"僵固型思维"的人大多表现出"完美主义"的特点，希望自己一切完美，任何一方面都是100分，如果不能将事情做到完美，或者有失败的可能性，宁愿躲着不去做。

综合比较，两者的动机截然相反：

内在动机：因为不断朝着"最优"持续改进，在优化中不断从内在成长。

外在动机：由于渴求完美的外在表现，固执地守着被认可的形象、特点，一旦做不到，又害怕不完美，不行动，自然陷入僵局。

于2013年荣获美国"麦克阿瑟奖"的华裔作家安杰拉·达克沃思（Angela Duckworth）在其成名作《坚毅》中，再次佐证了以上观点：坚毅与自控力属于我们的内在品格，它与抵制短信、电子游戏等各种诱惑相关。这意味着坚毅的人往往能够更好地进行自我控制，也会影响到人际与智力水准。

智力可以改变吗？

我以前的同事小孟是看日本动漫长大的，她简直可以说是活在"二次元世界"中，一说到日本漫画便滔滔不绝。

有一天，我们一起讨论一个漫画中的角色，她由衷地说："小时候，我以为人的智力第一，而且很难改变。如果哪个同学很努力，我们一般会在背后'贴标签'——这是一个很笨且需要努力的人。结果，越长大越发现，其实大家的智力水平都差不了多少，能发挥多少智力完全取决于努力的程度。所以，我改变了自己的固有成见。事实证明，我以前自认为的聪明只是小聪明。真正聪明的人大多大智若愚，他们往往比我更努力、更拼命。"

对此，我也深有同感。以前我遇到解释半天，对方还不明白的情况时，就特别容易生气，恨不得向对方吼叫："你怎么这么笨？！"而且，在我的潜意识里有一种没来由的傲慢与分别心——不屑于与不够聪明的人为伍。

可见，在一般人的心目中，多少还是带着"智力优于努力"的刻板印象。

其实，没有人只有一种思维方式，我们每一个人身上或多或少都有"僵固型思维"（完美主义）和"成长型思维"（最优主义），视情况而有所差别，但最终会在我们的行为方式中表现出相对的倾向性。

比如，在学习上，我们追求成长，不断锤炼自己，在家庭关系中却刻板地认为："男士该出去挣钱给老婆花"或"两个人出问题都是对方不靠谱，换一个人会不会更好？"如果真的出现了问题，"成长型思维"占主导的人会想：我是不是该开始学习如何经营家庭，学习沟通的智慧，以解决困惑与难题呢？

卡罗尔·德韦克的实验

有意思的是，安杰拉在《坚毅》一书中，专门讲述了卡罗尔·德韦克研究"成长型思维"的过程。

卡罗尔一直很好奇，为什么同样情况下，有些人坚持不懈，其他人却选择放弃；有的人将痛苦归因为不可控的因素，成为悲观主义者，有的人却会变成乐观主义者？

大学毕业后，她参与了某心理学研究项目（博士研究方向），开始专门研究。第一次研究中，她选择跟一些中学合作。在老师、校长、学校心理师的共同评估下，她确认了一些遇到失败、感觉相当无助的男女生，并将孩子们分成两组：

第一组的孩子被分配做一个名为"必定成功"的项目。几个星期内,孩子们被要求解答数学题。每堂课结束时,无论完成了多少,他们都会被表扬。

第二组的孩子被分配到一个名为"归因再培训"的项目中。同样被要求解答数学题,但老师偶尔会告诉他们,他们没有做完足够的题目,最重要的原因是"应该试着更加努力一些"。

之后,研究人员又布置了一项任务,其中包括简单的和非常困难的问题。结果发现,"必定成功"组的孩子面对难题时,就像之前一样轻易放弃了,认为这证明了自己缺乏能力(显示出"僵固型思维"的倾向)。

与之相反,"归因再培训"组的孩子却更努力了,他们会将失败解读为"需要更加努力"("成长型思维"的倾向)。

仅仅通过调整"如何看待失败、困难"的信念或看法,同样起点的孩子,才过了短短几周就会有两种不一样的思维倾向。这个实验证明:随着内心信念的改变,人们的思维方向也会跟着改变。所以,我们平常学习时不仅要学方法,也要同步更新认知,并及时升级认知。

自控力策略失效时,你会怎么看

在之前的内容中,我们分享了很多自控力策略,希望帮助解决不同场景下的自控力挑战。可是，由于每个人的情况千变万化，"意志力储备"又容易耗光，有时候，你会发现，你的自控力策略也会失效。

这时候，"成长型思维"的人会根据实际情况进行思考、调试，或者再往前探索一步，而"僵固型思维"的同学可能直接选择放弃。

可是，自控-成长这件事跟其他事一样：

优异的表现实际上是几十个小技能或小活动的汇聚，这些技能或活动是习得的或偶然悟到的，经过认真地锤炼，成为习惯，然后契合在一起成为一个综合的整体。

在其中任何一个行动中，都没有什么非凡的超人存在，只有一个事实，那就是，他们持续不断地把事情做对做好，然后这一切加在一起，产生了卓越。

——社会学家丹·查布里斯（出自《坚毅》一书）

每天犯错至少一次

说了这么多，可能很多人还是会觉得很苦恼，不知道应该怎么改。这里分享一个小妙招。

我原来是一个很纠结的人，内心十分渴望得到他人的肯定。

有时候，为了赢得他人的赞赏，我对自己"压榨"得很厉害，活得很压抑。渐渐地，我发现不能再这样下去了，于是开始转为"向内看"——由注重外在转而注重内心，并给自己定了一个标准：先取得自己的认可——"僵固型思维"的人在乎别人对自己的看法，通过这个小标准，能提醒自己将注意力从外在转向内心，训练和提升"成长型思维"。

为了达到这一点，我利用逆向思维，给自己专门制订了一个"变态的目标"：每天至少犯错一次。

追求完美的人很难忍受自己犯错，希望自己时时处处都能高标准、严要求，而犯错的逆向目标则打破了这种心态，让犯错变得轻松、自在，从而促使你敢于行动，做一些平常不敢尝试的事。

更有意思的是，人的思维也有惯性——一旦启动，开头的行动会带来更多的行动，最后你就会打破原有的僵局，从点点滴滴中走向自控又自在的生活。

所以，现在就开始行动吧！

小结：

内心信念一变，整个人就改变了。所以平常学习时不仅要学方法，也要同步更新认知，及时实现认知升级。

mini 自控

今天故意犯一次小错,尝试一下犯错的轻松吧!

欢迎在微博或微信上写下你的体验与心得。

写下来,才是你的。

方法:

1. 采取"最优主义"的策略,塑造"成长型思维"。

2. 每天至少犯错一次。

3. 同步更新认知,及时实现认知升级。

4. 开始行动,创造思维惯性。

生活既能认真享受，也能轻松掌控

自控也要中道而行，该自控就自控，每天该完成当日最重要的一件事就马上去做。完成之后，该放松就放松，该享受就享受。

有人听到"自控力"的概念后，感觉一想到要自控就很累，很容易就放弃了。果真如此吗？

不在社群中继续活跃的人

我们都知道——一次最好只养成一个好习惯。不过，人们总是很贪心，一次想要做很多事。比如"自控力school"的读写群、静坐群和运动群的"70天训练营"同时开营时，总有人要参加"三群通杀"。

接下来，你会目睹他们疲于奔命的样子——"意志力储备"消耗殆尽，为了打卡、实现自控而努力自控。然而70天后，很少再看到他们的打卡记录了，更别提自控了。

自控是极耗费身心能量的一件事，而一个人的意志力储备是有限的，需要经常补充。如果你长期不间断地自控，想要控制自己想什么、感觉什么、说什么和做什么，往往都会以失败告终。

所以，我想提醒大家，要学会聪明地自控，聪明地使用意志力的能量，这是很重要的。甚至还可以这样说：当我们为了自控而自控时，放弃自控也是一项明智之举——因为我们的身心太紧张了，太需要放松了，放松就是为了补充身心所需的能量。

自控，也需要走中道

佛经中有这么一个故事：有一位比丘夜诵伽叶的《佛遗教经》，他的声音很悲恸、紧张，自感惭愧，停下来，就来请教佛陀。

佛陀问他："你以前在家时，经常做什么事情？"

比丘回答说："弹琴。"

"如果琴弦松弛了会如何？"

"那就弹不响了。"

"如果琴弦太紧，又会如何？"

"那琴弦就会断了。"

"琴弦松紧适中，不松不紧，又会如何？"

"会弹出美妙、和谐的音乐。"

佛陀说:"比丘修行也是如此,心如果调适合宜,就可以修成佛道。如果修行得太急,身体会疲倦;身体疲倦了,心便会生出苦恼,修行便会退步。修行退步心灰意懒,便离佛道很远。修行要置心于一境,心清净安乐,佛道便不远。"

"琴弦松紧适中,能弹奏出美妙的音乐",将这一比喻用到自控上也同样适用。

每一个人都有自控力,这就像本能一样——大脑辛劳工作,身体积极配合,让我们可以根据长远目标做决定,完成重要而不紧急的事,而不会被恐惧或破罐子破摔左右。

但是,自控力也是有代价的。集中注意力、纾解情绪、克制欲望等这些活动都会耗费能量,就好像遇到紧急情况,我们的大脑会对身体下指令——准备应战,于是肌肉会紧绷起来,并给全身提供能量,用于逃跑或者战斗。

压力过大会影响身体健康,如果长时间处于高压中,身体会不断产生应激反应,把能量转移到应对突发状况上。而这些能量本来是应该为长期需求服务的,比如,生儿育女、治疗创伤等。

朋友菜菜跟我说,她以前待过的一家公司的老板要求特别严格,脾气又很暴躁,一天能骂人好几次,甚至还动手打男员工。她每天上班都觉得神经紧张,总害怕出错被骂。时间一长,身体就受不了了,经常生病,辞职后身心才恢复过来。

因此,自控也需要走"中道",自控太弱需要紧一点,自控太强需要松一点,不然会压力太大,限制住我们的注意力,只供给短期、即时目标。

比如,有时候我们压力越大,就越容易刷微信、打游戏、疯狂购物——这些活动能够给我们即时的奖励,让人逃避挑战。但是,当你越逃避,这种状态反而越加剧,继续熬夜打游戏、刷电视剧,第二天就会起不来。然后上班迟到或请假,事情会越积越多,再继续熬夜干活,效能越变越低。好不容易晚上十点、十一点时工作做完了,刷会儿微信、微博放松自己,于是又熬到一两点——这样就变成了恶性循环。

你有慢性压力吗?

高压、高挑战带给人的压力一般都能看得到,不过,有一种普遍的现象却从未引起大家的重视——慢性压力。

在这个时代,慢性压力无处不在,无人不有。

很多医生说,胃病是慢性压力逐渐累积的结果。其实,不只胃病,常见的心脑血管疾病、糖尿病、慢性背痛、不孕不育、感冒和流感都有可能是压力造成的。

实际上,我们根本不需要对这些司空见惯的压力做出应激反应。但如果自我意识不清晰，大脑就会遵循"自动反应"的常规模式不停识别出外在威胁，让身心始终处于高度紧张、冲动行事的状态。

因为自控需要大量能量，很多科学家都认为，长时间的自控就像慢性压力一样，会削弱免疫系统的功能，增大患病的概率。

就像适度的压力是有意义的健康生活不可或缺的一部分一样，我们只需适当自控，巧妙方便地自控，而不要刻意地控制自己所有的思想、情绪和行为。

另一方面，我们也需要时间恢复自控消耗的体力与脑力。有时候为了保持健康和维持幸福生活而放弃自控，其实也是自控的一项有效策略。

如何从压力和自控力中恢复

研究表明，从压力中恢复的最佳途径就是放松。

每天只要放松几分钟，就能激活我们的副交感神经系统，舒缓交感神经系统，从而提高心率变异度。此外，适度的放松还能把身体调整到修复和自愈状态，提高免疫功能，降低压力荷尔蒙的分泌。

每天拿出一定的时间来放松一下，就能保护你的身体，同时增强你的意志力储备。

《自控力》中提到两个测试,可以用来测试放松与生理反应的关系。一是大脑注意力测试,二是疼痛忍耐度测试(把一只脚浸入4℃的水中)。测试发现,那些擅长用深呼吸和休息来放松的运动员能更快地从挑战中恢复过来,同时减少压力荷尔蒙的释放,减少对身体的有氧性损伤。

当然,放松不是窝在沙发里当"土豆",或者暴饮暴食,而是"绿色"放松,这种放松指的是真正意义上的身心调整,哈佛医学院心脏病专家赫伯特·本森(Herbert Benson)将其称之为"生理学放松反应"。

在"绿色"放松过程中,我们的心率和呼吸速度会放缓,血压会降低,肌肉也会得到放松。这个时候,大脑不会去规划未来,也不会去分析过去,只是活在此时此刻。

前几天我去参加了一个静坐活动,举办地是一处环境犹如世外桃源的地方,四处都是郁郁葱葱的树木。这里没有城市的喧嚣,只有鸟鸣声声,以及清新凉爽的空气;这里也没有城市中的快餐食品,我们吃的都是当地的健康素食。

这里的生活简单又充实,我每天静坐10小时以上,其余的时间都用来睡觉,简直可以说是酣眠。七天下来,我的身心得到了最深层的休息,一扫经年的疲累。

这也是为什么我一直推荐大家养成静坐习惯的原因——这

是难得的修养时间,能够将自己每天紧绷的心彻底放松下来,缓解长久积累的压力。

睡前深呼吸或者做瑜伽也能帮助我们放松身心。我曾经有一位老师,她做了一个手术,术后伤口的缝合处一直很疼,每次全身都疼得紧绷,导致她的精神也高度紧张。后来,她开始尝试深呼吸放松法,刚开始一天十几次,后来慢慢地增加到几十次,身体得到了极大的放松,也因此加速了伤口的愈合。

有了这次经历,这位老师就开始推行深呼吸放松法,她建议自己学生的家长在发火或准备教训孩子之前,先做几次深呼吸,补充身心能量,找回自我意识与自控力。

该自控自控,该享乐享乐

从古至今,哲人们一直强调要将眼光放长远,不要贪图一时的享乐。这种观念应该随时代的变化而得到调整,我们要清楚,自控也要"中道而行",该自控就自控,每天最重要的事当然要马上去做,但在生活的其他方面,该放松的时候就别刻意压抑自己。一个不会享乐、放松的人,也一定做不到有效的自控。

哥伦比亚大学的市场研究员拉恩·基维茨(Ran Kivetz)发现,有的人没法及时享乐,总是用工作、美德或未来的幸福为借口不断地推迟快感。当然,他们的最终结果是——为自己的决定感到后悔。基维茨把这种情况称为"高瞻远瞩",或者,更直白地说应该是"好高骛远"。

就像我们看到的一样,大多数人都是目光短浅的。当奖励的承诺摆在眼前的时候,他们没法把承诺当作即时的快感。那些受"高瞻远瞩"折磨的人则习惯于看得更远,他们看不到屈服于诱惑时的快感。这其实和"目光短浅"一样严重,因为两者最后都会带来失望和不快乐。对那些无法对诱惑说"好"的人来说,他们屈服诱惑时需要的自控力,其实和我们抵抗诱惑时需要的意志力一样多。

那"高瞻远瞩"的人该怎么办呢?这种情况下,可以试试预先做出放纵自己的承诺,将放松视作一种投资,一种恢复精力、继续工作的必经之途,而不是仅仅把它视为损失。比如,有的人会认为在公园散步是浪费时间,但这其实也是一种"精力投资"。在空气清新的公园散散步,或者跟朋友聚会吃饭,释放积累了一周的压力与紧张,心情就会好很多,下一周又可以精力满满地投入工作。

你要如何衡量你的人生

2010年春,《创新者的窘境》一书的作者——管理大师克里斯坦森给哈佛商学院的毕业生们带来了一场极具影响力的演讲。

当时,他与父亲一样罹患了淋巴癌,为此,他一直在进行化疗。住院期间,他开始反思自己的人生是否过得有意义,以及到底该如何衡量人生。以他的很多哈佛商学院同班同学为例,很多人毕业后进入商界、政界等,并成了所谓的"精英人士"。他们追求金钱、名利,超级自控,却很少在家庭和子女身上投入时间,总想等达到什么目标后再去陪伴家人和朋友。但十年、二十年以后,因为日常"情感账户"的投资严重赤字,以至于他们中的很多人哪怕功成名就了,却也同样遭遇不幸:跟配偶离婚,跟孩子疏离,甚至闹出丑闻,锒铛入狱……

最后,克里斯坦森终于领悟到这样一个道理——上帝衡量一个人人生的标准不是金钱,而是我可以帮助多少人变成更好的人。

长远利益和即时需求都是为了帮助我们成为更好的人,并过上更好的生活。所以,无论自控还是享乐,都要避免过犹不及——我们要学会过中道而平衡的生活。

小结：

要学会聪明地自控，聪明地使用意志力的能量。当我们为了自控而自控时，放弃自控也是一项明智之举。因为我们的身心太紧张了，太需要放松了。放松也是一种补充身心能量的方式。

mini自控

今天尝试放弃自控2个小时吧，看看有什么事情发生。

欢迎在微博或微信上写下你的体验与心得。

写下来，才是你的。

方法：

1. 自控，也需要走中道。
2. 拥有适度的压力。
3. 睡前静坐或深呼吸、做瑜伽。
4. 该自控时自控，该享乐时享乐。

第 2 章

九种自控力提升方法，
帮你实现深度改变

九招轻松易上手训练方法，

提升你的自控力，

让你成功掌控自己的时间和生活。

越了解自己,越容易改变

提高自控力的最有效途径,首先是弄清楚自己如何失控,为何失控。

有一天,我跟"剽悍一只猫"公众号的猫老师、燕子等一起开会。猫老师讲到,有一个同学反复"取关""剽悍一只猫"公众号的案例。

这位同学跟猫老师的经历差不多,原来在二线城市生活,眼看着奔三了,却一无所成,因此非常焦虑。看到猫老师人生逆袭的故事,他很受鼓舞,也想按照他的方式奋斗一把,可在做的过程中很不顺利,感觉愧对榜样,就取关了公众号。颓废了一阵子后,又觉得不行,还想要改变自己,于是又关注了公众号。

这个反复取关的过程听来很有意思,却让我陷入思考:这是为什么呢?

仔细想想,别人的成功可以借鉴,却往往无法复制,所以,哪怕你是向看起来背景与自己相似的成功者学习,也要找对自己的方向，同时认清自己。

因此，在众多喧嚣声中，我要为想马上改变自己的同学泼一盆冷水：请了解自己——越了解自己，才越容易自控。提高自控力的最有效途径，首先是弄清楚自己如何失控，为何失控。

很多人会担心，意识到自己容易失控这一事实，会让自己感觉很失败。可事实恰恰相反，这将帮助你避开失控的陷阱。

研究表明，自诩意志力坚定的人反而最容易在诱惑面前失控，比如，自信能抵制诱惑的戒烟者最容易在4个月后重陷烟瘾，过于乐观的节食者最不容易减肥成功。

这是为什么呢？因为我们无法预测自己在何时何地会因何种原因失控。我们会跟朋友一起泡夜店，在家摆放一堆零食……这些都会让自己陷入诱惑的陷阱中。在抵御这些诱惑的过程中，我们的意志力会逐渐被消耗殆尽，导致我们在面对挫折时扛不住，或是陷入困境时难以坚持。

自知之明是自控的基础

自控力是人类最与众不同的特征之一。此外，自我意识也是人类独有的。认识到自己的意志力存在问题，是自控的关键。

有自我意识，才有自控力。当我们做一件事的时候，我们必须要意识到自己在做什么，也要知道我们为什么这样做，最好还能知道我们在做这件事情之前还需要做些什么，这样才会三思而后行。

朋友小范给我讲过发生在他身上的一件事。他结束一天的谈判后回到家，疲惫地躺在沙发上，这时候，孩子跑来要求爸爸陪着玩一会儿，小范非常暴躁地对孩子说："找你妈去，让我自己待会儿。"孩子快快不快地走开了。

过了一会儿，小范平静下来，恢复了自我意识，想到自己已经早出晚归好多天，好久都没有抱过孩子了，孩子刚刚跑过来应该是想爸爸了。他反省了一下，决定跑到卧室跟孩子道歉。随后，他专心地陪孩子玩了半小时，小家伙快快乐乐地睡着了。

事后，小范跟我们分享经验：看到孩子睡着的笑容，他第一次意识到，做父母最重要的是训练自己，让自己变得自控，变得更好。

"我现在也开始写自控日记了。"小范说。

为什么唤醒自我意识这么重要？因为我们的大脑习惯于对外界自动反应，就像一直开着"自动挡"自动驾驶一样。所以，当自我意识不强烈的时候，大脑会默认选择最简单、最省事的路径——这是人类千万年来的进化使然。

"双十一"的时候，朋友林雨买了五千多块钱的化妆品。我问她为什么花这么多钱买化妆品。她告诉我说，前一天她参加了一个活动，席间，一个好久不见的朋友问道："你怎么变了？"她很纳闷，就问朋友自己哪里变了。朋友说："你笑起来眼睛周围有皱纹了。"林雨百感交集，因为她那天其实是化了淡妆的。

回家之后，心中郁郁难平的她打开电脑就开始逛淘宝，逛到半夜两点，买了一大堆化妆品。但到了第二天，她就后悔了，又把订单全部退了。

你是否觉得此情此景很熟悉？是的，我们绝大部分人都是这样——后知后觉，甚至不知不觉。我们在做决定时，往往意识不到自己为什么做决定，也没有考虑过后果，甚至意识不到自己已经做了决定。自控系统在这种没有自我意识的行为面前毫无用武之地。

那么，如何让自己从后知后觉、不知不觉走到先知先觉呢——唤醒自我意识，意识到自己的每一个决定，清醒地面对每一个选择。

这听起来好难,如何做到呢?

开始记录吧。

至少选择一天,记录你的决定

请至少选择一天,把你做的决定记下来。在一天即将结束时,回想你做的决定,分析哪些有利于你实现目标,哪些会消磨你的意志。

在此,我为大家提供了一个小的记录模板。你也可以用表单工具将这些选项一一填入,可能更方便记录一些。

时间	地点	具体事宜	想法	调用"意志力储备"的多少(%)	情绪/压力水平	决定/结果	反思

时间、地点、具体事宜、决定/结果,这些很明显;调用自控力的多少(%),主要看你做决定的难度。

比如"去楼下小卖铺买一盒巧克力"这一想法,对于想增肥的瘦人来说很简单,但对于正处在减肥攻坚期的微胖人群来说,势必要进行一番挣扎。所以,在这件事情上,瘦人只需要调用很少的"意志力储备",而微胖人群所调用的"意志力储备"就多得多。

随之而来的情绪/压力也相应不同,瘦人大概率是愉快的,但对于需要减肥的人来说压力就会很大——卡路里万一超标了怎么办?

还记得我们在上文中提到的吗？每个人一天的自控力是有限的，自我损耗很快。当你自我意识很强、很清醒时，你会发现，这些大大小小的决定都在调用、损耗你宝贵的自控力。

一天之中诱惑我们的东西太多了，"注意力分发"太严重了，导致我们大部分时候都处于注意力涣散的状态。这时候做决定，很大可能是毫无意识的，或者是下意识的。

比如，你在人来人往的星巴克买咖啡，本来你只想买一杯美式，但收银员会跟你介绍最近的会员卡，如果这时你正用手机跟朋友聊天，耳边还听着收银员的介绍，大脑就会处于自动挡状态，很可能下意识就做出决定："好，那就办一张吧。"

令我们无法长时间保持专注的事情太多，难道因为这样我们就不做决定了吗？倒不用太有压力，记录下来就好了。"好记性不如烂笔头"，记录听起来很笨，却很有用。坚持记录你的决定，有助于减少在注意力分散时做决定的概率，同时也能增强意志力。

打个比方，记录就像一个放大镜。其实，我们对于很多生活细节的记忆都是模模糊糊的，很多时候，当你回想昨天、前天、上周发生了什么事情，可能都想不起来。如果当时你把自己做了什么都记录下来了，就可以翻开看看，时间线就会非常清楚。我们原来粗放的生活线索也会因为记录而变得更加细腻、清晰。

根据大数据技术画出的用户画像很接近真人。比如，滴滴打车用到的大数据，能比较准确地判断你要去的地方是家还是公司；而淘宝的购物记录很容易判断出你所属的阶层，比如大数据会给经常花100块买Gucci（古驰）包的购物者贴上标签——推送假货——因为真正的Gucci包不可能这么便宜。

对于我们个人来说，记录就像是在逐渐建立自己的数据库。时间久了，参考数据库，你会弄清楚自己如何失控，为何失控，就会对自己有更多的了解。

我的朋友王冬就坚持每天记录自己的情绪，还会自行打分。他记录了28天，发现画出的情绪曲线图忽高忽低，可见他最近的情绪波动很大。他翻出了每天的打卡记录，寻找情绪波动的具体缘由——他人的评价。

如果别人对他的评价很差，他就容易情绪失控（为何失控），一失控就生闷气，一句话都不想说，直接出去跑步（如何失控）。了解这一点后，他开始写小结，分析自己为什么这么在意他人的评价——自信心不足。

于是，他就给自己设立了一个内心的标准：先取得自己的认可。

记录，帮你逐渐"置换"人生

《稀缺》一书里讲到了贫穷的本质——穷人之所以贫穷，是因为他们把自己的注意力都花在了维持生计上，没有多余的意志力支撑他们去做可以逆转人生的尝试，比如学一门手艺、上一门课程等。慢慢地，他就变成一个一辈子在狭小圈子里打转的"小白鼠"，跳不出贫困生活的轮回。这听起来是不是很可怕？

落实到每一天的决定，你会发现，当你在许多可有可无的事情上做决策，耗费太多意志力后，遇到真正重要的事情时反而无力应对，潦草完事。

所以，对于想要改变的你，请试试记录自己的情绪日志，尽量节约你的自控力吧。

记录，也可以成为你输出的一部分。

记录，不仅包括用文字记录，语音、手绘、思维导图、手账都可以，只要能够帮助你整理、梳理即可。

例如，我的一个学员诸慧每天用"助理来也"微信公众号记录早起时间。通过连续300天的打卡记录，她写成一篇《早起300天的你会怎么样》，引来许多读者点赞。这一经历也让她成为"早起加油团"团员们的榜样。

又如知名投资人李笑来，他每天依然坚持写3500字，梳理自己的思路与想法，从十年前一直坚持到现在，也成就了自己的卓越人生。

通过记录，我们能够获得更清晰的自我意识，也能更清醒地了解自己所做的每一个决定，对自己越来越了解，想要自控也就容易得多。

这么说来，记录真是一个看起来很小，却无比实用的方法。

小结：

请了解自己，越了解自己，越容易自控。提高自控力的最有效途径，首先是弄清楚自己如何失控，为何失控。

mini 自控

今天尝试记录这一天是如何度过的吧！

欢迎在微博或微信上写下自己的体验与心得。

写下来，才是你的。

方法:

1. 唤醒自我意识,意识到自己的每一个决定。
2. 至少选择一天,记录你的决定。

延伸阅读

早起300天的你会怎么样

诸慧

今天早上早起打卡的时候,"助理来也"提示我已经早起打卡300天了。我内心一阵激动,赶紧把这个记录贴出去,有好多人给我点赞。我忽然莫名地觉得自己也是很厉害的人了,因为有了这个"早起"的标签。

看到各类成功人士介绍的成功经验，他们无一例外都会提到"早起"。

比如，王健林的一天是从凌晨四点开始的；又如神一样的男人——科比的名言：你见过洛杉矶凌晨四点的样子吗？日本作家中岛孝志甚至还专门写了一本书——《4点起床——养生和高效的时间管理》，为四点起床提供了依据；生娃、带娃、工作、考研、读哈佛一个都不落下的吉田穗波医生也是天天早起备考，还抽空写了一本书《就是因为没时间，才什么都能办到》。

各类励志文里也有很多有关早起的标题：《因为早起，每天多了2小时》《把一天活成26小时》《每天2小时，高效完成一天工作》……

还有人会说："早起都做不到，怎么能有自律的人生呢？"

"早起"还被用来当作自律人士的标签，和自律捆绑销售。在人们眼中，仿佛早起的人就是成功人士，是高效、自律的人。可惜的是，这大概只是我们想象中的样子！

事实上，很可能在你早起300天之后，你依然什么都不是。

早起只是一种生活方式。无论是自发选择，还是被迫如此，关键是你通过早起收获了什么。在《高效能人士的7个习惯》中，作者提到了"以终为始"这个习惯。所谓"以终为始"，就是目标明确，以目标为导向。早起只是达成目标的手段，最终看的是你完成了什么。

王健林的一天之所以出名,是因为首先他是王健林,然后才是早起。你不是王健林,早起一千天也没有用。所以,早起就是早起,并不会给你带来什么光环。人们在评价你的工作时,不会看你起得有多早,而是看你完成了什么,你的收获是什么。

早起适合做很多事情,例如:

阅读和写作——由于早上头脑清醒,最适合做挑战脑力的工作,比如阅读和写作,利用闲暇时间看看书、写写字,岁月静好。

锻炼——为了健康,早起锻炼也很不错,让自己一天都活力充沛。天气晴朗时可以去室外跑步或快走,阴雨天就在室内锻炼。

早餐——做一顿美味早餐,用味蕾来唤醒一天的好心情,这是一件非常值得的事。想象一下在餐桌前慢慢品味早餐与饿着肚子狂奔赶车上班,哪种更让你心动呢?

静坐——这是一个让自己灵魂升级的方法,就算我们不会因此超脱,也会让自己学会专注,掌控情绪。根据我的切身体会,早上静坐的效果很好,每日早起静坐五分钟,半年之后你就会看到成果。

学习——听一门微课,掌握一项新技能,提升专业能力,复习考试……投资自己是世界上最棒的投资。

晨间日记——记录和回顾,管理自己,管理时间,过有效率的人生。

300天里的早晨我做了什么？

1. 英语

坚持最长的是英语阅读。我每天通过薄荷阅读APP（应用程序）看英语原版小说，到现在已经完成了两期100天的挑战，共读了7本原版或是改编版的英语名著。

收获：我从来没有特意去记录和背单词，只是在阅读文章的时候会联系上下文猜意思，看老师的讲义时也有专门记录。就这样，我的词汇量也从6000个增加到10000个，学会了不逐字逐句抠意思，学会了从整体角度理解文章的意思，甚至还学会了欣赏作者美好的文笔。

后来，我又开始练习听力，每期60天，从VOA（美国之音）开始，逐渐过渡到原版无字幕电影。120天，每天15分钟，我看完了6部电影，然后再听VOA就简单多了。尤其是对于不同方言的英语，我也有了一定的适应性。

2. 阅读

300天里，我看了10本实体书，无数本电子书，跟随"拆书帮"线上学习拆书，完成了很多作业，现在正准备成为一名拆书作者。

3. 写作

300天里，我在简书网上累计写了二十多万字。作品也上过几次首页,结交了很多朋友。

4. 运动

完成了一次半程马拉松赛。

5. 技能

学习了思维导图、做手账以及如何做早餐。

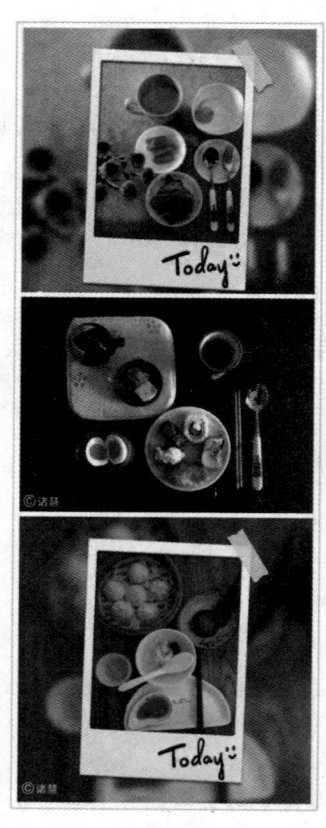

爱因斯坦说过:"时间加复利等于原子弹。"所有这些都说明一点——千万不要小看时间加复利带来的改变。

把最重要的事放在早晨完成,你只管去做,时间终会让你看到收获。

与情绪化敌为友

坏情绪最容易损耗自控力,所以,当我们找到纾解情绪的有效方式后,便拥有了不一样的人生。

为什么坏情绪会引起失控

在前文中,我提到了"三脑合一"理论,这里再多介绍一些。

美国国家精神卫生研究院(National Institute of Mental Health)大脑研究和行为实验室主任麦克林提出了"三脑合一"理论。他认为,随着人类进化的历程,人类逐渐拥有本能脑、情绪脑和大脑皮层,这三重大脑可以相互作用。

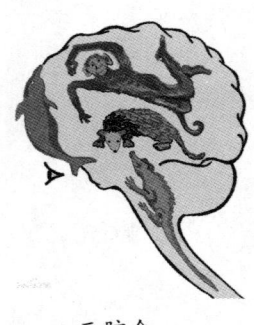

三脑合一

本能脑的主要功能是保证身体的安全，因为安全是人最本能的需求。当你感到恐惧时，本能脑就会被激活，自动做出战斗、逃跑或静止的反应。比如，当你的手伸向火炉时，在你的意识发现烫之前，本能脑已经指示你迅速把手抽回来了。

本能脑进化出了第二层的情绪脑，它主要负责情绪反应。所有的高等动物，如猫、狗和大象等，它们的大脑与人类大脑的结构和功能相似度高达98%——这在某种程度上可以解释为什么我们那么喜欢宠物，以及宠物为什么可以跟人类亲密互动。

最边缘的大脑皮层又被称为理智脑，它让我们拥有智力与智慧。它能控制我们关注什么，想什么，甚至能够影响我们的感觉，从而更好地控制自己的行为。

"三脑"之间互相协作，控制着我们的一言一行。可是一旦遇到某些情况，"大脑三兄弟"也会打架。

西方谚语说"冲动是魔鬼"，很多人在怒火冲天时会情绪失控，等到头脑清醒时又后悔不已。其实，并没有所谓的"冲动魔鬼"，只是因为在情绪来临时，本能脑和情绪脑占据了我们的大脑，我们就会下意识地做出一些情绪化的反应。

人们下意识地想要在情绪变化的时候维持好自己的形象，比如明明很生气，却努力忍着不爆发。这种自控其实更耗费意志力，让本就有限的自控力更加分散，我们也就更管不住自己了。

情绪不是敌人,而是朋友

最近这些年,我发现自己的胆子变小了,因为每次一看到有关女性被害的文章,都会让我深陷恐惧之中。恐惧让我产生了强烈的自我保护和封闭心理,也让我很紧张。

有一段时间,我总觉得自己身体不舒服,夜深人静时常常问自己:如果明天就与世界说再见了,今天会怎么办?

慢慢地,我意识到,自己已经被恐惧、担心和焦虑"绑架"了,内心充满了不安。于是我开始思考情绪对我的意义。

无独有偶,《自控力》中有一节专门讲到了"恐惧管理":

根据"恐惧管理"理论,当人类想到自己的死亡时,很自然会觉得害怕。我们可以暂时避开危险,但终究逃不过宿命。每当我们想起自己不可能永生时(比如看晚间新闻时,每29秒我们就会有一次这样的想法),大脑就会产生恐惧的反应。

我们并非总能意识到这一点,因为焦虑可能还没有浮出水面,还没有产生强烈的不适感,或者我们并不知道这是为什么。即使我们意识不到这种恐惧,它还是会让我们立即做出回应,对抗自己的无力感。

我们会去寻找保护伞,寻找任何能让自己觉得安全、有力量,能够得到安慰的东西。

我们恐惧死亡、危险,所以面对这些状况时会感到不适、焦虑甚至无力,从而通过各种行动来对抗这些情绪,这又加剧了情绪的蔓延。

但是,我们身心的任何反应其实都是在提醒我们——哪些地方可能会被忽略,哪些地方需要引起重视——情绪不是我们的敌人,而是我们难得的朋友。

一旦我们意识到这一点,再回过头来看看这些情绪,就会发现它们给我们带来的正面价值:

- 不将自己置于危险境地。
- 关注健康。
- 养成自省的小习惯。
- 思考才是真正重要的事情。

一个人的心念改变了,世界就变了。感谢恐惧和情绪的提醒,让我找到纾解情绪的有效方式,拥有了不一样的人生。

纾解情绪的有效方式

除了认知到位、坚持静坐外,还有很多纾解情绪的有效方式。

1. 面对错误和不良情绪，学会自我谅解

对很多人来说，自我谅解更像是为自己找借口，只会引起更严重的自我放纵。提升意志力的关键就是对自己狠一点，但更多的研究显示：自我批评会降低积极性和自控力，而且是最容易导致抑郁的因素。它不仅耗尽了我们做事的力量，还耗尽了我们想要做事的意愿。

相反，自我同情就会提升积极性和自控力。

位于加拿大渥太华的卡尔顿大学对学生做了一次关于拖延症的调查，调查持续了整个学期。很多学生在第一次考试前都推迟了复习时间，但不是每个学生都会有这样的习惯。同容易原谅自己的学生相比，那些严格要求自己的学生更可能在接下来的考试中继续拖延复习。

他们对第一次的拖延态度越严厉，下一次考试时拖延得就越厉害。研究人员认为，增强责任感的不是罪恶感，而是自我谅解。在个人挫折面前，持自我同情态度的人比持自我批评态度的人更愿意承担责任，也更愿意接受别人的反馈和建议，更可能从这种经历中学到东西。

我想起了自己的经历。我小时候特别喜欢看电视，又知道时间有限，看了电视就没法学习了，所以每次周末父母不在家时，我就抓耳挠腮地在看电视和做作业之间徘徊、矛盾，最后

总是会选择看电视。

老式的电视机看时间长了会发热,我担心父母回家发现蛛丝马迹,就一边看电视,一边开着风扇吹电视机,即使自己当时已经热得汗流浃背!关键是,看就看吧,我内心有一个声音一直在说:"你怎么又没忍住,作业又没做完,没救了!"

就这样,虽然眼睛在看电视,但是我却没有享受到电视节目带给我的愉悦和放松。虽然我一直在内心动员自己改过,但是每次都以失败告终,每次都是外力(比如父母回家或者突然停电)才能使我彻底收回心学习。这样的心理斗争经常上演,搞得自己玩也没玩好,正事儿也没干成。

如何打破这种循环呢?就是在放纵后,选择自我谅解,自我同情,接受自己已经犯的错误,积极承担责任,争取下一次采取自控的行动。

所以,我们要注意,面对错误,我们应该自我谅解,而不是增加罪恶感,只有这样才能帮助我们重回正轨——自我谅解可以帮助我们从错误中恢复自信,让我们消除犯错时的羞愧和痛苦。

我们要学会跟自己说一句:"那又如何?"这样才能摆脱失败后的低落情绪。没有了罪恶感和自我批评,我们就没有需要摆脱的东西了。这样一来,思考为什么会失败就会变得很容易,下一次也就不会轻易失败了。

2. 区分虚假奖励和有效的真实奖励

我们要学会区分虚假奖励和有效的真实奖励。虚假奖励的承诺会让我们继续追求那些不会带给我们快乐的东西，让我们消费那些不会带来满足感，只会带来更多痛苦的东西。比如酗酒、疯狂购物、暴饮暴食、情绪爆发等行为。

当大脑的奖励系统被刺激时，大脑就会对"我想要"的东西深深着迷，而忽视"我不要"的力量。

那么，奖励系统是如何迫使我们展开行动的呢？

当我们的大脑发现获得奖励的机会时，它就会释放多巴胺（多巴胺是一种脑内分泌物，和人的欲望、感觉有关，它能够传递兴奋和开心的信息。另外，多巴胺也与各种上瘾行为有关）。当释放多巴胺的区域活跃时，它会带给你欲望和期待，指引你下一步的行动，而不是单纯的快乐和满足。

这些行为带给我们的其实并不是真正的快乐，它更像是一种激励。就像为什么明明重任在肩，你还是会一遍遍刷新朋友圈一样——因为这时候你的多巴胺分泌很旺盛，你期待每刷新一次都会给你带来一些好玩的东西。渴望得到奖励的心情迫使你迟迟无法开始做事，一遍遍重复无聊的活动——你并非真正乐在其中，多巴胺的分泌只是激活了你的欲望。

玩游戏也是如此，并不是游戏本身有趣，而是我们对游戏中等级提升的期待控制了行动。哪怕游戏只是重复无聊的操作,只是在特定的时候给你一些金币和经验值,你还是会夜以继日地打下去。

不要把欲望当作快乐。一遍又一遍地刷微博,我们的内心并不会有喜悦而满足的感受;吃一个又一个奶油蛋糕,也不一定让我们真的快乐;买了一堆不需要的折扣商品,也不会让我们更加热爱生活。

让多巴胺指引你的行动,得来的不一定是喜欢、满足和快乐,更多的反而是自责和后悔。

所以,我们要选择适合我们的解压方式。一般来说,最有效的解压方法有:锻炼或参加体育活动、静坐、阅读、听音乐、与家人朋友相处等。

真正能缓解压力的不是释放多巴胺或依赖奖励的承诺,而是增加大脑中能够改善情绪的化学物质,如血清素、Y-氨基丁酸和催产素等。这些物质会让大脑不再对压力做出反应,减少身体里的压力荷尔蒙,产生有治愈效果的放松反应。

巧妙应对负面情绪

除了自身的坏情绪之外,很多时候,我们也极容易被身边的负面能量所扰。此时,又该如何自控呢?

第一招:设立边界,屏蔽无关的人与事。

平心而论，每个人的生活里真的有那么多负能量吗？未必，大部分人的生活都平平和和，相对顺利。虽然俗话说"人生不如意事常十之八九"，但按照真实的经历，真的不如意之事大概只有30%。

有的人就问了：为什么我总是感觉负能量满满，无法消除呢？

就我个人来看，你的注意力已经被他人裹挟了，就像李笑来在《财富自由之路》专栏中讲的——注意力掉进了"三个大坑"。

第一个大坑，叫"莫名其妙地凑热闹"。
第二个大坑，叫"火急火燎地随大流"。
第三个大坑，叫"操碎了别人的心肝"。

凑热闹、随大流、操闲心，一旦掉进了这三个大坑，我们就会进入"喧嚣模式"中。

社会媒体的形态之一就是制造话题，抓取注意力。不够煽情的新闻报道或事件已经很难入人们的眼，何况现在的大多数人都已经被各种片面资讯、娱乐新闻"炼"出了铁石心肠。

《自控力》告诉我们，因为人们普遍寻求社会认同感，加之大脑的"镜像神经元"会随时自动启动同理心，所以，负面情绪具有很强的传染性。这时,大脑会让我们误入迷途,将他人的坏心情变成我们的。

有人会说,即便注意力掉进"三个大坑"也没什么大不了吧,不就是关注一下新闻动态或者周边的人和事吗?可是,你留心过因此而付出的代价吗?

一个人一天的自控力是有限的,从愤怒、沮丧、焦虑等负面情绪中恢复平静,本身就极其消耗人的意志力。如果你常常陷入负面情绪中难以自拔,那么,哪还有精力用在自己的事情上呢?

因此,想要对抗负面情绪,首先就是要设立界限,屏蔽无关的人与事。例如,不看无关紧要的花边新闻,你并不会损失什么,反而能够将注意力回归到自身,从"三个大坑"中跳出来。只要你能够做到这一点,就会觉得自己的心情会平静很多。

第二招:永远将注意力转回自己,向内看

朋友梅子跟我讲起了另一个朋友依依的事儿。

依依非常能干,她凡事都抢着做,做事情十分干脆利落。可美中不足的是,她心中似乎常怀愤怒,可谓负能量"爆棚"。有一次,学习小组开会时,依依因为一件小事而愤愤不平,连脏话都骂出来了,旁人再提醒也没用。从那以后,依依就很少参加学习活动了。

梅子跟依依关系很好,就跟她深入沟通了一番。聊完之后,她才明白依依会这样做的原因。原来,依依的注意力总是聚焦在别人的缺点上,却看不到别人的优点。不管别人做了什么,她总觉得自己做得最多,得到最少。而且,她在家时也是这样。她的儿子和她关系很差,老是躲着她。

由于梅子也经历过这样的心路历程,所以她很理解依依。梅子苦口婆心地劝她:"在单位里不要给人脸色,要给人眼色。你的注意力永远在别人的问题上,从来没有转回来看自己有没有什么问题,也没有反思过这么想对不对,又不多学习,结果就是自己最不开心。拿自我的尺子丈量世界,就会变成一个锤子,看哪里都是钉子……为什么不试着跳出自我呢?"

梅子继续说:"如果想继续做,我陪你一起走,好不好?"

依依被说得眼圈都红了,她对梅子说:"有你在,我就放心了。"

不知道大家有没有留意到,我们一直在说的"自控",重点其实并不在"控",而是在第一个字——"自"上。

我很少提到"他控""控他",因为自我管理是从自身出发的——我们无法掌控别人,唯一能掌控的只有自己。

自控，是一个人控制自己欲望、情绪与注意力的能力。虽然大多数时候我们能管住欲望与情绪，但我们能管住注意力吗？一般来说，如果不加以漫长的刻意训练，我们根本管不住自己的注意力，只能引导或者调整方向，让它往你希望的方向走。

所以，应对负面情绪的第一招是将注意力从无关的坑里转出来；第二招是转回内心，向内看。做到了这两点，我们也就创造了自控的基本条件，才有可能掌控属于自己的生活。

希望你每天都有好心情，专注于自己的精进，自控力自然会跟你在一起。

小结：

自我管理是从自身出发的——我们无法掌控别人，唯一能掌控的只有自己。

mini 自控

今天尝试多笑一笑吧，像天真无邪的孩子那样大笑。

方法：

1. 改变自身对情绪的认知。

2.面对错误和不良情绪,学会自我谅解。

3.区分虚假奖励和有效的真实奖励。

4.设立边界,屏蔽无关的人与事。

5.将注意力转回自己,向内看。

与自己建立长久、和谐的内在关系

一个人活在世上,要处理三种关系:与物质世界的关系,与他人的人际关系,与自己内心的关系。

前段时间,小阳发现自己对丈夫林克各种看不顺眼,话说不了两句就发脾气,压根儿控制不住,林克似乎成了她的"情绪按钮"。而当她每次发完火,看着林克那一脸无辜的样子,心里就更气。小阳自己也很郁闷,刚结婚的时候觉得林克还挺体贴的,但现在却越看他越不顺眼,难道他俩之间已经没有爱情了?

听完这话,我还挺诧异的。当初小阳跟林克在一个公司上班,因为违反了"员工间不许谈恋爱"的内部规定,所以双双辞职了。他俩结婚时我还受邀去参加婚礼,场面非常感人。这才几年时间,这中间到底发生了什么?

小阳跟我聊到了他们的很多日常琐事,比如,林克经常出差不在家,偶尔在家却对什么都不上心,天天打游戏。椅子倒了不扶,袜子也不洗,东西乱放,孩子哭得撕心裂肺也不管……她每每看到都特别生气,有时候恨不得他别回来了,眼不见心不烦。

听完小阳的表述,我极力推荐她读一下马歇尔·卢森堡博士的经典书籍——《非暴力沟通》。

"你讲了很多事情,也讲了这些事情给你带来的负面情绪,你认为你对他错。但是,就像《爱的五种能力》这本书讲的一样——'家里不是讲对错的地方,讲究的是愉快与否的原则'。另外,你始终没有说清楚你的这些情绪背后的需求点。我猜,林克听完后也会因为你的爆发而有了情绪,就更加解读不到你的需求了。或许,你们可以尝试非暴力沟通。"

1. 不带评判的事实

此刻观察到什么,就清楚地表达观察的结果,不要评判或评估。比如,林克一个月有三周都在出差,这是事实。

2. 精准地表达自己的感受

生气是一个笼统的词语,与其说自己很生气,不如更精确一点:"你偶尔回来,一回来就先打游戏,跟你不在家时一样。面对家里这么多事,我觉得非常沮丧和无助,常常感到胸口憋闷。"

3. 清晰表达自己的需要

清晰地表达自己的诉求,而不是让别人猜。不要以为别人猜不到就是不爱你,也不要认为关心你的人就应该知道你在想什么——没有人能洞悉你的所思所想，请主动讲出来。比如，可以这样说："你出差期间，我既要照顾孩子，又要照顾家庭，责任很重，常常感到疲惫和孤单，压力很大。希望你回来时可以偶尔一起分担，让我轻松一下。"

4. 说出具体的请求

明确告诉对方，我们期待他采取什么样的行动来满足自己，让对方做点什么，比如："我很希望你回家的时候能跟孩子多待一会儿，跟孩子多说说话，多陪陪我。哪怕只有一小时，我都觉得知足。"

小阳听完后若有所思："那我试试看。"我相信，只要小阳多多训练"非暴力沟通"的技巧，就一定能走出负面情绪的旋涡，重新找回和谐的家庭关系。

当我们放下"你对我错"的是非评判，将注意力放在感受与需要上，就能够真正地走出自我，彼此共建一种合作、平等、有爱的人际关系。

同理心的力量

《非暴力沟通》在国内拥趸众多，很多人将之应用于夫妻和亲子关系领域。而煦和文化CEO（首席执行官）董国臣却另辟蹊径，开创了行政、司法、警察、教育领域及企业的实践运用，成果斐然。2018年9月，我的老师张玮桐将董老师的同理心课程推荐给我,让我受益匪浅。

董老师说,很多人以为学习同理心是为了控制或改变他人,其实不然。我们需要先"自我联系",跟自己相处好了,才容易与他人建立"心的连接",接着"诚实表达"和"同理倾听(安静聆听、用语言反馈)",最终给予世界"爱的语言"。

这种沟通方式需要去刻意练习,虽然会比较复杂,但是非常值得。

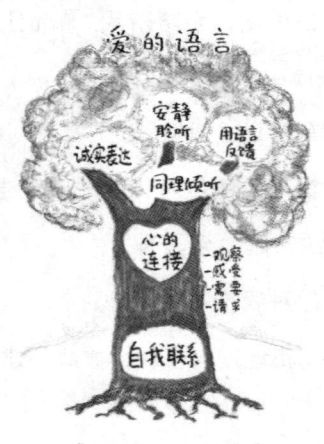

《同理心的力量》
(引用来源:煦和文化)

前段时间,一位好朋友在微信里把话说得很重,内容虽然没错,但他的表达方式太过尖锐,让人难以认同。

我跟张玮桐老师聊起这件事,她陪我做了一场"同理心训练"：

1.观察：讲出脑中种种的念头、想法、理解、思辨。

日常生活中的沟通，基本上停留在这一讲道理的思辨层面。

2.感受：连接身体，体验其细微的反应：肩膀沉重、背部紧张、胸口发闷……渐渐地，身体反应会从上半身移动到头部，最后到达手心。

3.需要：这些细微的体验在提示我——有哪些需要很重要，却在日常生活中被忽视了。

4.关爱，如果体验到关爱时很有力量，一句爱语会比一百句批评的话更有效果。

5.请求：当下马上可以为自己做点什么。

可以对自己和他人提出请求，比如，请求自己先终止内心的暴力（对对方的不满等），表达心里慢慢生出的感激："谢谢你来到我身边，用这样可贵的方式帮助我成长。"

终极解决方案：拓宽心量

大概三年前，我跟同事联合编辑了星云大师的几本书，其中一本书叫《心量越大，好事越多》。时至今日，我依然认为这是一个不错的名字。心量的拓宽对于负面情绪而言，堪称"终极的解决方案"。

古人常用"虚怀若谷"来形容一个人的心量。星云大师亦曾说:"虚空才能容万物,人的心量有多大,成就就有多大。你能容下家庭,就可以做家长;你能容下团体,就可以做会长,所以,自己就是自己的贵人。"

反观我们的情绪,是不是绝大部分的坏情绪都是因为自己的心量不够?要么你错我对,要么你小我大,你下我上,巴不得这个世界唯我独尊,最好一切人和事物都围着我转,以我为核心,内心藏着深深的自恋和自我中心情结。当别人没有照顾到你的"自恋"时,情绪就爆发了。

一个人想要成长,就要拓宽心量,让自己融入大众中,建立自我,追求无我。

那么,应该如何拓宽心量呢?我这里有一个不完全清单:

一、行万里路,多出去看看世界,长长见识。比如,一年去一个陌生的国家或地方旅行。

二、识万种人,跟不同的人交朋友,从不同的视角看自己与世界。

三、读万卷书,跟书里的智者交朋友。阅读的范围要广,不仅要涉猎西方的图书,更要从古人的典籍中寻得无尽的智慧。很多人可能要用一堆话来阐述一个道理,而古人几句话就全讲明白了,比如"识不足则多虑""威不足则多怒""信不足则多言"。又如《论语》

《道德经》《金刚经》等著作中蕴含着许多企业管理的要旨。

四、仙人指路,跟着心量大、格局大的人学习,找到良师益友。

五、每年定一个不同的目标或者方向,哪怕与自己熟悉的领域毫无联系。比如,平常非常安静,经常"宅"在家的人,可以参与到公益事业中,丰富自己的日常生活。

六、每年学一项新技能。

……

这个清单可以很长,你可以随时补充内容。期待你列出自己的清单,活出越来越宽广的人生。

小结:

如果身边的负面情绪太多,不妨写一份拓宽心量的完全清单吧。

欢迎在微博或微信上写下自己的心得与体验。

写下来,才是你的。

方法:

1.非暴力沟通。

①不带评判的事实;

②精准地表达自己的感受或情绪；

③清晰表达自己的需求或需要；

④说出具体的请求。

2.拓宽心量。

每个好习惯的养成,都是一次深度改变

当我们通过一个微习惯体验到生活中小小的改变后,慢慢地,你会发现,自己可以不怎么动用自控就可以变得自律,活得自在。

我在前文多次提到,一个人的自控力是有限的。很多人刚开始学习一个新东西时,心里往往抱着一个不切实际的期待,希望借此彻底改变人生,但结果往往会失败。为什么呢?因为目标太大、太难、太高、太远了,意志力严重不足,难以支撑你走到最后。

好在,自控力是可以被训练出来的——我们可以像训练肌肉一样训练我们的"意志力肌肉"。无论是举杠铃塑造肱二头肌,还是通过简单的平板支撑锻炼核心肌群,只要通过训练,我们身上所有的肌肉都能变得更强健。

我们也介绍过一些帮助训练"意志力肌肉"的方法,比如保证充足的睡眠、规律运动等。而从"微习惯"开始,从生活的每一件小事做起,可能是最没有压力又容易实行的方法了。

微习惯的由来

"微习惯"这个概念,源于史蒂芬·盖斯的《微习惯》,它是一种非常微小的积极行为,小到不可能失败。盖斯也曾讲过自己养成微习惯的过程,曾经引起很多人的共鸣。

每年年底都是大家回顾旧一年、展望新一年的时候,史蒂芬也是如此。他回顾了自己的2012年,感觉不是很满意,希望2013年活得更精彩一些。他决心从2013年开始健身,但他又没有信心——因为在过去的十年里,他一直都在健身,只不过始终没有坚持下来。

于是,他开始思考,想换个思路从微习惯入手,每天只做一个俯卧撑——不必多做,只做一个就够了。说做就做,史蒂芬马上起身做了一个俯卧撑,因为身体的惯性,他又做了一个,最后总共做了七个。做完这些,时间已经过去了2分钟,他感觉很棒。

最后,他把原本一天只做一个俯卧撑的目标变成了看似不可能的30分钟锻炼。现在的他已经健身成功,练出了一身漂亮的肌肉。

微习惯为什么会有效果

研究发现,引起意志力损耗的主要有五大因素:努力程度、感知难度、消极情绪、主观疲劳和血糖水平。培养微习惯的日常小事需要的"努力程度"很少,只"调用"很少的自控力,感知难度不大,一般也不会引发消极情绪,主观疲劳和血糖水平更是少之又少了,所以它一般不太会引起意志力的损耗。

我们在前面的内容中也讲过,大脑就像一个求知欲很强的学生。微习惯改变了大脑的自动反应模式,让大脑聚焦于小小的改变上,关注自己正在做的事情,选择更难的,而不是最简单的事。通过每一次意志力的练习,大脑开始习惯于"三思而后行"。

这样几次下来,我们的大脑灰质处的神经回路会随之改变,形成新的神经通路,于是大脑也得以重塑。由于大脑和身体的惯性,这种改变会更容易持续下去,所以也更容易坚持,更容易做到。

所以,微习惯非常有利于训练出我们的"自控力肌肉"。

微习惯提升整体的意志力

微习惯的范畴很广,包括控制自己以前不去控制的小事情,如回家后把衣服挂在衣橱中,而不是随手一丢;将一件大事拆开,化整为零,每次做一点点;渐进式运动——今天一个俯卧撑,明天两个……千万别小瞧这些小小的变动,它们在训练

"自控力肌肉"上很"给力"。

《自控力》一书中曾提到一个意志力训练项目：被试者为自己设定一个期限，努力在规定时间内完成任务。你可以用这种方法对付那些一直拖着不做的事，比如清理衣柜。

设定的期限可以是：第一周，打开柜门，看着一堆乱七八糟的东西；第二周，整理好挂在衣架上的东西；第三周，处理掉那些很早之前买的衣服；第四周，看看慈善商店还要不要旧东西；第五周，成果自见分晓。

最为神奇的是，当被试者给自己设定了两个月的期限后，他们不仅会清理衣柜，完成项目，还会改善饮食习惯，勤加锻炼，戒掉香烟、酒精和咖啡因……他们的"自控力肌肉"好像更强健了。

在一些小事上持续自控，会提高整体的意志力。这些小事包括——每天都进行30分钟锻炼，戒掉甜食，记录支出情况等。虽然这些小小的自控力锻炼看起来无关紧要，但能让我们应付自己最关注的意志力挑战，比如集中注意力工作，照顾好自己的身体，抵制住诱惑，更好地控制情绪等。

如何建立你的微习惯清单

听了这么多有关微习惯的好处，相信大家已经想要建立自己的微习惯清单了。很多人很贪心，一口气想写10个，这跟想要马上改变人生、推翻重来的急功近利心理类似。所以，在建立微习惯之前，我需要提醒你以下几点：

1. 微量开始，超额完成

"运动渣"小天想养成一天一个俯卧撑的习惯，可一旦开始做俯卧撑，一般至少能做5个，甚至更多。目标要够细小，这样才能在超额完成时，让人有成就感。

2. 记录与跟踪完成情况

有记录，容易做反省、总结、评估。

3. 同时开始的微习惯，建议不超过3个，同时安排到日程表中

虽然微习惯小，可还是会占用时间、精力与注意力。3个以内可能还记得住，太多的话，恐怕做着做着就忘记了。

4. 保持灵活度，给自己调整的空间

有时候你可能会气馁，有时候也可能会兴奋过头，情绪大起大落，也可能会"三天打鱼，两天晒网"。当你想要把微习惯变成长期的核心习惯，先不用着急给自己加压，设立更高的标准。

切记，不要太高估自己。

"每天一点断舍离"的微习惯

很多人都想要断舍离,但一想到要丢好多东西,往往心里舍不得,因为很多东西里藏了以前的记忆,很难下决心丢掉。

我们可以每天只处理一样东西,比如,今天处理掉过期的口红,明天处理掉用不到又过时的包包。每天一样,任务非常小,心理压力也小,不会太考验我们的意志力。

过一两个月,你就会发现,你已经对很多没必要的东西断舍离了。并且，这种"渐进式"的"断舍离"能够让你学会思考——什么东西要留，什么不要留以及这样做的原因。

朋友笑笑原来买东西很节制，非必要的东西绝对不买。但最近半年，不知道怎么回事，她爱上了"买买买"，屋子里堆满了东西，都有点儿让人难以下脚。我之前送给她的米和核桃都已经坏了，可还是堆在厨房里。

我很纳闷，就问她怎么回事。她说她也不清楚，好像自从前段时间工作变动后，就迷恋上了买买买。我继续问她，她才告诉了我实话。

她说自己本来在原职位上做得得心应手，后来因为岗位变动，新职位突破了她的"心理舒适区"，她的内心产生了一种不安全感，而买东西恰好能填补她内心的空缺。

了解了这些情况后，我给了她一个简单的建议：每天丢掉一样不用的东西。

于是，笑笑开始了断舍离的生活：

第一周，她每天都从厨房丢一样不用的东西；

第二周，她每天花10分钟整理衣服，周末都送到了二手衣服回收公司；

一个月下来，笑笑的房间终于恢复到原来的状态。

丢东西的这个月，她自己也发现，新职位的挑战激活了她学习东西的热情，她变得更年轻，更有活力了。

说到这里，我不禁想起一句话："真正的安全感来自不断体验未知，不断体验新事物带来的不安全感"。正对应一句中国古语："我心安处，即是吾家。"

当我们通过一个微习惯体验到生活的小小改变后，就会习惯成自然，往后所需调用的"意志力储备"就会很少，几乎不怎么自控就可以活得自律。

当然，这是相当理想的状态，令人向往。

接下来，我们来聊聊自控力与习惯养成的问题。

一个习惯的养成，究竟需要多久

日本资深作家古川武士在《坚持，一种可以养成的习惯》一书中，从研究人的"行动科学"入手，发现习惯养成的时间要依据想培养的习惯的种类而定。

比如，要养成每天规律的行为习惯，如写日记、记账、读书，大约需要一个月；与身体节奏相关的习惯，像运动、早起、减肥、戒烟，大概需要三个月；与思考能力相关的习惯，像逻辑思维能力、正面思考能力等，因为与每一个人的性格相关，所以人产生的反应也最强烈，大概需要六个月。

2009年，伦敦大学开展了一项调查提问：养成一个习惯需要多长时间？结果显示：需要66天——分析数据中，有的人养成一个习惯最少需要18天,最长达到154天。平均下来,66天就可以达到一个完美的平衡点。

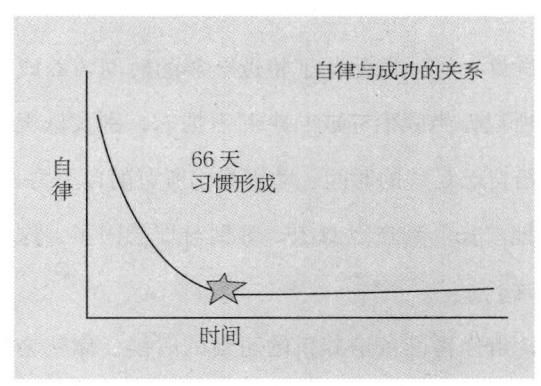

当习惯养用,维持其所需的自律也就越来越少

(此图来自《最重要的事情,只有一件》,"过上有规律的生活"一节)

而70天养成一个好习惯,这个数字是我在自控力社群中反复测试得来的,相对比较稳定。不过,如果后期不继续坚持,"好习惯"很快又会懈怠。那该怎么办呢?

根据我的观察,如果想让一项习惯固定下来,恐怕需要投入更长的时间,比如,延长至100天。

我的好朋友肖肖以前很少跑步,直到她参加了一场马拉松比赛后才开始运动,后来甚至牵头发起了"70天运动训练营"。

可能你想不到，实际上，她养成运动习惯的时间特别长，大概花了3个训练营的时长——210天，而现在的她每天不运动就会特别难受。

我和肖肖一样，也是花了将近一年的时间才养成每天静坐的习惯。所以，当我们养成一个新习惯时，别太乐观，也别太早放弃，给自己足够的时间，动用我们所有的自控力去塑造它，让它牢牢地"长"到自己身上。等到习惯稳固了，这个习惯也就彻底养成了。

之后，当你再准备培养新的习惯的时候，你就会发现，因为有了替代经验，习惯的养成就容易多了。

2016年初，我提出了"用自控力养成核心习惯"这一概念——提出这个概念也是基于我自己的一些观察。

我发现，习惯和习惯也有所不同，有一些习惯属于主线——核心的"将帅"级别，一旦养成便会影响全局。假若我们专注于核心习惯的养成，便会事半功倍。

那么，哪些习惯可以称得上是核心习惯呢？

静坐、写作、运动、早起、专注等，这些都称得上是"核心习惯"。

如何养成你想要的核心习惯

《习惯的力量》一书中提出了这样一个观点：想要养成新习

惯，重新构建习惯"回路"就好了。这包括三个关键点：

1. 暗示（触发点）
2. 惯常行为（习惯）
3. 赞赏（好处）

举个例子，田大大想要从"夜型人"转型为"晨型人"，她为自己重新设计了一个暗示——"早睡早起身体好"，惯常行为——"早上五点起，晚上十点睡"，奖赏——"精神头好，身体健康"。

当然，每个人情况不一样，当你发现这个设计不管用时，可以重新调整。比如，一开始你做不到"早上五点起，晚上十点睡"，不妨放低目标，做细微调整，例如"早上七点起，晚上十一点半睡"。

除时间外，每一个习惯的养成，都会经历"反抗期""不稳定期"和"倦怠期"。比如，早起的第一个月会经历"反抗期"——闹钟响了死活不起，或者直接关掉闹钟，继续睡，反抗新规矩、新作息。

第二个月会进入"稳定期"，有时可以按时起，有时会忘记，情况时不时会变换一下。

第三个月进入"倦怠期",这时候你已经不再需要自控力的强力督促,能够有规律地作息。这期间,如果觉得无聊或倦怠,你可以给早起增加新内容,比如早起后静坐五分钟,走路半小时,读10页书……其他好习惯也能随着早起逐渐养成。

在"反抗期""不稳定期",自控力尤其重要,所以,我们需要将"意志力储备"更多地花在新习惯养成的初期。等到了"倦怠期",习惯已经初步养成,所耗费的自控力就会越来越少。

核心习惯的力量

田大大早起习惯的养成过程颇为艰难,每每提起来都感慨万千。

她是一位狱警,工作压力很大,经常晚上十二点多才睡。由于常常熬夜,她的身体开始频繁报警,很快就生病住院了。出院后,田大大痛下决心,要养成早睡早起的好习惯,用早睡促进早起。

习惯养成的过程很艰难,但她都坚持了下来,现在基本每天晚上十点左右就能入睡了。

有一次,我们俩聊起了习惯的养成。她告诉我,养成早起(核心习惯)的习惯后,她开始读书、走路、静坐、做早餐、学英语、写晨间日记、画思维导图、写读书笔记……一系列连带的好习惯也随之养成了。现在,她每天的清晨生活无比充实,对自己也充满了自信。

这就是核心习惯的力量。

为什么早起会成为核心习惯？这是因为经过一晚睡眠的"充电"，"意志力储备"充足，这时候，我们的自控力、心理能量还没开始消耗，注意力很容易放在最重要的事情上，将自控力用在刀刃上。

这也证实了一个重要的自控力法则：如果实在没有时间或精力做想做的事，就把事情安排在"意志力储备"最强的时候。

将自控力训练变成核心习惯

谈到习惯，很多人会有疑惑：自控力训练有可能变成核心习惯吗？

答案当然是肯定的——有可能。

专门研究意志力的学者，达特茅斯学院的托德·希瑟顿教授说："当你学会强迫自己参与体育锻炼，或者开始做家庭作业，只吃沙拉不吃汉堡的时候，你的思维正在改变。当学会控制自己的冲动时，其实就是在进步。一旦你形成了锻炼意志力的习惯，大脑就会驾轻就熟地帮助你专注于你的目标。"

你可能会觉得不可思议，还真有一家公司做到了"将自控力训练变成核心习惯"——星巴克咖啡。作为全球知名的服务型企业，星巴克主要依赖一线员工为用户提供高质量的服务。

为了保证服务体验,他们找到了一个解决方法——将自律转化为企业的习惯。

为此,他们甚至将"习惯回路"亲切地定义为"拿铁习惯回路",并为员工提供了一套行之有效的方案,帮助他们规避"拖后腿的诱惑"。

尤其是当员工意志力薄弱或意志力疲劳时,这些手册详细阐明了一些常规解决方案,比如,顾客大喊大叫或收银台前排起长队(特定的暗示)时,为员工提供相应的精准指引。

经过不断的"角色扮演"训练,他们将这些应对行动变成自发行为(惯常行为)。顾客的满意度和来自管理层的赞赏与认可,就是对员工的这种行为的褒奖。

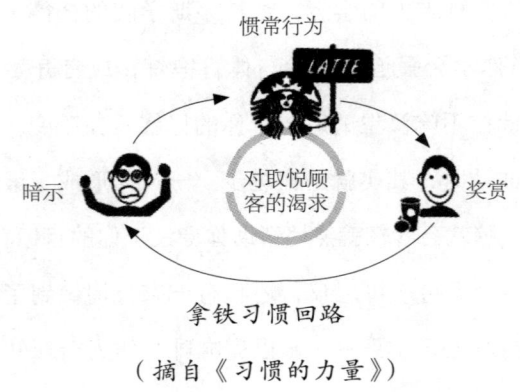

拿铁习惯回路

(摘自《习惯的力量》)

这些都是将自控力转化成习惯的过程：在困境发生之前想好解决措施，然后在困境来临时依法处理。

习惯一旦养成，自控力的消耗就会越来越少，习惯也会变得越来越自然。

习惯养成小贴士

刚开始养成一个习惯时，你会发现身心需要多方配合。所以，一下子迈步太大可能会让你适应不了。

这里有三个小贴士供你参考：

1."小成功式"的渐进养成法

1984年，美国康奈尔大学的一位教授在其著作中写道："小成功，其实是细微优势的稳定运用，一旦一个小成功完成了，就会推动下一个小成功的出现。"

小成功能够带来改造性的变化，主要是因为它能够将细微的优势转变为一种模式，让人们相信更大的胜利即将到来。比如，第一个月"早上七点起，晚上十一点半睡"，第二个月"早上六点半起，晚上十一点睡"……

不要小瞧细小的调整，这些阶段性的"小成功"会让我们无痛苦、少挣扎地改变，也更符合人性的基本法则。

任务切分得越精细，就越容易完成，每次小成功就越能让大脑体验到兴奋感，让人逐渐上瘾、甘愿上当，这时候，好习惯就养成了。

2. 一次只养成一个核心习惯

"意志力储备"是有限的，一次能养成一个核心习惯就已经消耗了我们大量的身心能量，所以我们要慢慢来，不能太贪心——越是贪心，习惯反而越不容易养成。

3. 坏习惯不能改掉，只能被新习惯代替

不只好习惯，坏习惯也遵循习惯的回路。前两天，一个朋友跟我聊天，她说她有一个坏习惯，碰到说话强势的人就发怵，会立马躲回自己的"心理安全地带"，以不沟通的方式消极抵抗，维护自尊。

其实，改变一个坏习惯并不难，我们可以重新设计思维回路。比如，对于沟通这件事，我们要认识到一点——高难度的沟通可以让自己更迅速地成长。一旦养成勇敢面对沟通难题的习惯，就能更快地提升自我，锻炼职场和人生中不可或缺的沟通、演讲能力。

有时候，我们的心中会自带一幅美好的画面：做到自控、自律，拥有很多好习惯，生活会变得多么美好！其实，这一切不过是想象罢了。我们每天的生活都是磕磕绊绊的，哪怕做到了某种程度的自控，依然会发现，还有很多问题在等待着自己——这才是真实的生活。

与其在大脑中勾勒美好远景,不如活在真实中,跟着问题一起往前走。当你的自控与正念力量不断加强时,你就会发现,问题正在慢慢地解决,你离自在也更近了一些——这才是真实的成长。

小结:

习惯脑回路转变时,我们的大脑灰质处的神经回路也会随之改变,形成新的神经通路,于是,大脑得以重塑。大脑的惯性、身体的惯性会让改变更容易持续下去。所以,微习惯非常有利于训练出我们的"自控力肌肉"。

mini 自控

今天尝试为自己确定一个微习惯,在接下来的七天里,只管去实践吧!

同时,结合"WOOP"思维心理学,尝试为自己选择一项核心习惯。

欢迎在微博或微信上写下自己的使用体验。

写下来,才是你的。

方法:

1. 微量开始,超额完成。

2.记录与跟踪完成情况。

3.同时开始的微习惯,建议不超过3个,并把它们同时安排到日程表中。

4.保持灵活度,给自己调整的空间。

5.每天一点断舍离。

6."小成功式"的渐进养成法。

7.一次只养成一个核心习惯。

8.坏习惯不能改掉,只能被新习惯代替。

专注力越强,改变自然而然

朋友何何每天面对的事情又多又杂。多年来,她一直单枪匹马地奋斗,却取得了很不错的成就。

最近,我们有一个合作项目,要准备一个小型展示,她负责全局,就分派我进行内容的汇总与整合。当时,我手头恰好还有其他要紧事要处理,所以就同时进行。

我的这种"一心多用"的状态让何何很抓狂,她一次次地提醒我:现在你手头有n件事,但这个最着急,能不能先做完这个工作?

她一着急,我也很焦虑,索性就抛开了其他事,专心致志地做手头最重要的那件事。趁着工作的间隙,我暗暗关注她的工作状态,发现期间来了好几通电话,但她都没接,最后甚至直接关机了。

难怪何何凡事都能一遍过,每次投入地做好一件事,工作怎能不细致又高效呢?

之后,我便留心学习何何的工作习惯。我发现,她每次在工作前都会把事项按照轻重缓急进行分类,先做最紧急、最重要的事。而我恰恰和她相反,我经常会被人情或他人的紧急情况带偏,这在她看来实在该骂。

这些观察让我开始思考,为什么人们(包括自己)明明知道,却总是无法分清轻重缓急,"眉毛胡子一把抓"呢?

我猜,大概有以下两种情形:

注意力易被关注圈带走

史蒂芬·柯维在《高效能人士的七个习惯》一书中提到了一个重要的概念:关注圈、影响圈。

顾名思义,关注圈即我们关注的圈层,比如影视作品、时政要闻、人际关系等。其中,我们可以直接或间接影响的部分属于影响圈,比如学习、健康、兴趣爱好等。

前者可能超出我们的能力所及,采取随缘、等待或屏蔽的策略更为适宜;后者可以努力扩大,让我们的人生不断得以拓展。

就像李开复所说的:有勇气改变可以改变的事情(影响圈),有胸怀来接受不可改变的事情(关注圈),有智慧来分辨两者的不同(区分影响圈、关注圈)。

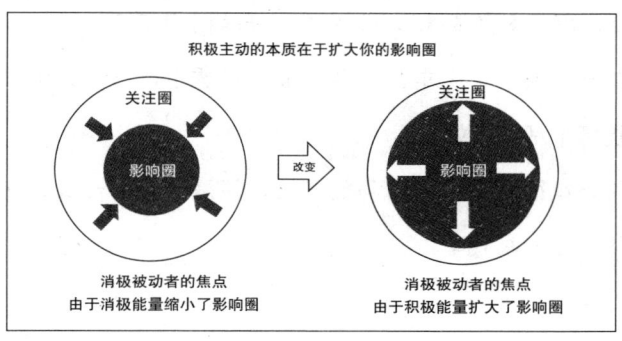

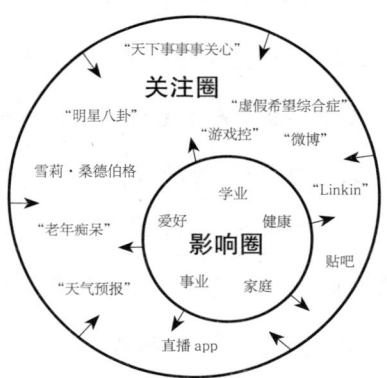

来源：知乎@思想者札记

当我们的注意力放在关注圈，心向外求时，外在的一切并不能为己所动。这时候，不如启用"焦点转移"法，转向内求，把注意力放在影响圈上，这也是我们提升行动力的法宝之一。

用一个小行动带动另一个小行动，一个个小成果连接起来，人生也就悄悄随之改变了。

二、事儿太多或 deadline（截止日期）不清晰

当一个人手头上事儿太多，被追得透不过气时，大概率的结果是哪个都做不好。

我一直很喜欢星云大师的《忙，就是营养》一文，在这里摘抄几段跟大家共享：

有一段时期，一连有好几位徒众因身体有病而住在如意寮中静养。为我开车多年，曾经担任人事监院的永均法师问我："那些人看起来身体很好，但每天又无所事事，为什么那么多病？我们每天忙碌不已，身兼数职，为什么反而身体健康不生病呢？"

我随口回答他："因为忙，就是有营养啊！"不料这句话在徒众间流传起来，成为一句偈语。回想起来，我的一生的确是因为"忙"，才少病少恼，身健心安。

童年时代，我就很喜欢忙。每天鸡鸣而起，忙着帮大人插秧、除草、放牛、养鸡，忙着和同伴捉泥鳅、找蟋蟀、玩纸牌、说故事。甚至连吃饭、睡觉都是在忙中度过。即使生病，也是在忙的里面似有似无地打发过去。忙，不但强健我的体魄，也培养我的耐力。

……

滚石不生苔，流水不生蠹。忙，才能发挥生命的力量；忙，

才能使我们身心灵活起来。经云："若行者之心数数懈废，譬如钻火，未热而熄，虽欲得火，火难可得。"又说："人所欲为，譬如穿池，凿之不止，必得泉水。"

借着忙，将自己动员起来，才能一鼓作气，先驰得点。如果能善于忙碌，"忙"就是一帖人生康乐的最佳营养剂。

解决之道：提升专注力

当一个人将注意力聚焦在影响圈，又忙得团团转，当务之急就是要提升专注力。养成专注的习惯，能够让我们的工作和生活一辈子都受益无穷。

时间如何分配，其实是可以计算出来的——高质量工作产出 = 时间 × 专注度。

大量研究显示，人在被打断之后，至少需要15分钟时间才能重新集中精神。

在《深度工作》一书中，这被称为"注意力残留效应"（Attention Residue）：

转换任务之后处于注意力残留状态的人，在下一项任务中的表现通常很差，而且残留量越大，表现越糟糕。

或许你都猜不到，这一小习惯将注意力转移到某种浮浅事物上的冲动，会让我们变成"心智残疾"。

一旦你的大脑习惯了随时分心，即使在你想要专注的时候，也很难摆脱这种积习。

如果你生活中潜在的每一刻无聊时光——比如说，需要排队等5分钟或者在餐厅坐等朋友时，都需要用智能手机打发，那么你的大脑就可能已经被重新编排，从某种程度上来说是一种"心智残疾"……

"沉浸式深度工作"

《深度工作》这本书这两年广受好评，被广大的手机上瘾者称为"戒手机/网络指南"。

深度工作，指在无干扰的状态下进行专注的职业活动，使个人的认知能力达到极限。

碎片化时代，如果我们希望告别"忙、盲、茫"，达到个人产出效率的巅峰，深度工作恐怕是最有价值的核心习惯/技能之一。

好消息是，在现在的日常工作生活中，只需加入一些特别设计的日程安排，我们就可以进入并保持高度专注的状态，将意志力消耗降到最低。

那么应该如何做到呢？书中推荐了四种日程安排的哲学：

1. 适合自律型的自由职业者的禁欲主义哲学

相信我们绝大多数人都习惯了列出长长的事项list（列表），然后清单是清单，你是你，照常拖延到天荒地老，"想做的事情越多，能够完成的越少"。长此以往，列清单简直是一场噩梦。

"禁欲主义哲学"建议人们优先深度工作，尽可能删减、摒弃肤浅职责，屏蔽价值不高的事项，做到长时间无人干扰的高度专注。比如，我喜欢的自律偶像"大魔王"凯特·布兰切特至今未开通社交网络账号。

当有人问起时，她清晰而冷静地回答：

"有两个原因，首先，这对我来说太消耗时间；其次，网络上的交谈相比面对面交流，更容易变得狭隘和负面，恐怕我们参与社交媒体的很大一部分原因是为了表现自我。我更希望呈现自己的观点，而不是自我。"

2. 适合时间分模块的双峰哲学

大多数人无法完全自由地安排自己的时间，这时可采取"双峰哲学"：一段明确的时间内，高强度、无干扰地处理最重要的工作，余下时间则照常行事。

从20世纪80年代起，比尔·盖茨每年两次，每次闭关一周闭门谢客，思考未来。

这个习惯本来是为了安安静静、不受打扰地陪伴祖母一周，同时为自己留出一定的时间读书、充电。但是随着时间的推移，定时闭关这种形式不仅是一种休息方式，还成了他的一种高效率的工作和学习模式。

3. 将深度整合到生活中

把深度工作变成简单、常规的习惯，这样既对整体生活影响不大，又顺应人性，容易坚持。比如，日本作家村上春树每天固定写4000字，很多人也会在早晨写晨间日记等。

尤其对于有家庭的工作者来说，可以选择每天早上最重要的两小时专注地处理问题。或许，有人会选择晚上10-12点的两小时，建议视自己实际的精力水平（意志力储备）而定。

4. 随时切换、一秒进入深度工作模式的新闻记者哲学

经过训练，我们可以养成随时在日程安排中进入深度工作的模式。我在身边数位朋友身上都看到了这样的工作模式——他们可以随时切换工作重心，令人钦佩至极。

在随时可以进入深度工作模式的人身边留心观察，久而久之，我有了一个小心得：深度工作的习惯除有意识地训练与养成外，更需要一个人时时保持正念。

试想，一个长期深陷负面情绪、生活混乱的人，大多将意志力空耗在了"如何让心情变好"的努力上，而根本无暇顾及

其他。

这时，不妨从控制自己的时间与精力"开支"上入手，让时间与生活获得秩序感。比如，准时吃三餐。接着，找出自己的"小规律"，顺应规律建立一系列微习惯。比如早上无人干扰时，趁着"意志力储备"满满，不妨开始一场90分钟的深度工作。

假以时日，你的专注力就会越来越强，深度改变就成了自然而然的结果。

最后引用《深度工作》中一句我特别喜欢的话，与各位共勉：

让你的头脑成为透镜，汇聚专注之光；让你的灵魂完全投入到头脑中的主导之物上，尽情地汲取思想。

和压力做朋友，化压力为动力

压力不是非要消灭的敌人，而是可以依靠的资源！和压力做朋友，自控力会因此提升。

每个人都熟悉压力，但很多人却理所当然地陷入两个怪圈：

1.逃避压力，最好压力少一点，越少越好。哪一天没有压力，哪一天就是晴天。

2.跟压力对抗，硬扛着，哪怕都撑不住了，还"死鸭子嘴硬"地扛着。扛不下去了，人就会很容易崩溃或者出事。

这又一次证实了"自控力是有限的"这一观点。

这两种思维模式，前者可能让人停在原地，难以提升，后者会给自己造成更多的"心理自戕"，都不可取。那该怎么办才好呢？

和压力做朋友

比较可行的方式就是跟压力做朋友，不逃避也不对抗。跟压力一起前行，达到自己想要的结果。

想要跟压力和谐共处，说起来容易，要真正做到还真是有点困难。所以，改变头脑中的观念是首要的，凯利·麦格尼格尔也认可这一观点。

在斯坦福大学，凯利为专业人士和普通大众开设了两门心理学课程——"自控力科学"（以此为基础写成了《自控力》一书）和"在压力下好好生活"。她提道：科学洞见告诉我们，压力是意志力的死敌。

但很多时候，我们都以为压力是解决问题的唯一途径。有时，我们甚至会想方设法增加自己的压力，比如拖到最后一分钟、批评自己太懒、说自己没有自控力……不但如此，我们还会通过对别人施加压力来敦促他人。短期内可能有效，但从长远看，没有什么比压力更消耗意志力了。

压力和自控在生理学基础上是互相排斥的。应激反应和"三思而后行"反应都能帮助我们管理能量，但是它们却将能量和注意力引向了不同的方向。

应激反应让身体获得能量，按照本能行事。这些能量不会流入大脑，因此你也就无法做出明智的决定。

"三思而后行"反应将这些能量输送进大脑——不是大脑所有的区域,而只是负责自控的前额皮质部分。

压力让你关注即时、短期的目标和结果,自控力则需要你的大脑有更广阔的视野。学会如何更好地管理压力,是提高意志力的重要组成部分。

由此看来,凯利最初的基本观点跟大家是一样的:压力是自控力的敌人,是有害的。

但等到《自控力:和压力做朋友》一书出版时,凯利对压力的看法发生了一百八十度的大转弯,她转而认为——所有人都会经受压力,这是不可避免且无法消除的。所以,改变对压力的看法是最关键的,如果应对得当,压力对人益处多多。

那么,到底是什么让凯利的观点发生了这么大的转变?

压力对健康有害?

原来,这源于凯利看到的一篇报道。1998年,美国在3万名成年人中展开了一项调查,问题是:

1.过去一年间,你感受到了多大的压力?
2.你认为压力对健康有害吗?

8年后,研究机构对当年参与统计的3万人再次进行调研,结果让人非常吃惊,那些曾经表示自己感受到较大压力的人的死亡风险竟然高达43%。

但是,这么高的死亡风险仅仅集中体现在有较大压力的人群中,以及那些认为"压力对健康有害"的人身上。哪怕承受了较大压力,只要不认为"压力对健康有害",这些人的死亡的风险也不会呈上升趋势。

不仅如此,他们的死亡风险甚至是所有参与调查的人中最低的,比那些表示自己几乎没有压力的人还要低。

说实话,第一次看到这则报道时,我也很吃惊。但回头想想,倒也可以理解——如果你将压力解读为"敌人""有害的东西",身体就会因此启动相应的防御机制。由于压力时时处处都在,身体就会一直保持紧张、抵御的反应模式,没有休整的时间与空间,出现不健康甚至死亡风险的概率自然就高得多了。

如何看待压力才是关键

如果再认真想想,我们会发现:压力不可避免,时时处处存在。对现代人而言,这是无法改变的事实。

无论是慢性压力还是意外事件,它们带来的压力我们都逃脱不开,也无法消除。既然如此,逃避或者对抗压力都是不明智的,不如调整自己对压力的看法。

这就像地球引力（重力）客观存在一样，一旦你习惯了它，也就感受不到它了。

美国耶鲁大学的研究表明："认为压力有害"的人比"认为压力是一种动力"的人更容易心情低落。同时，前者被腰痛、头疼等"因压力导致的健康问题"困扰的可能性也远高于后者。

为什么人们会认为"压力有害健康"呢？这是因为我们误将"感受到较大压力"和"认为对身体有害"这两种想法组合在一起了，所以才会引发身心问题。

其实承受了很大压力，但认为压力还是有很多好处的人，往往更健康、更幸福，他们的工作业绩也更好。他们很感谢压力带来的挑战，能够激励自己调整和改变，让自己更勇敢地面对挑战，注意力更集中，心智也更成熟、坚强。

说到这里，我不禁想起编辑《自控力》时的那段时光。

2012年上半年，我跟同事负责一个小部门，部门里的小伙伴们大多流动离开了，最后只剩下两位编辑，其中一位央求让我继续带她。但我深知自己有事无巨细都要自己经手的"毛病"，再考虑到这位小伙伴比较要强的个性，我清醒地认识到，让她自由折腾或许更合适，于是就婉拒了。

小部门就这么解散了，那时的我心力交瘁，情绪相当低落，几近谷底。

幸好，我有一个小习惯，每当情绪失控或太焦虑时，就会埋头专注去做好一件事，绝不分心。当时，我手头上刚好有《自控力》的书稿，就与另一位编辑合作，精心地打磨书稿。我全身心投入到编辑的过程中，不仅调整了情绪，还因此体验到什么叫作"心流"状态。

现在再回想这段经历，我依然感谢当时的自己，并非因为这本书的大卖，而是我收获了很多，心智也成长了很多：

1.专注做好手头上的事，哪怕再小的事情，都会让一个人静下来。

古人说"一切举动，皆要安详；一切差错，皆因慌张"，真是一点儿都没错。所以，越临大事，越要冷静；越有压力，越要清醒。心里不慌张，该做什么就做什么，反而更能看见事情本来的面貌。

《大学》有言："知止而后有定，定而后能静，静而后能安，安而后能虑。"一个人能真正静下来，需要先知"止、定"，知道哪些事情不可为，什么时候该停下来，这样才能在面对诱惑时心生定力；静后方可"安、虑"，心静下来才会安心，清理生命中的杂质。

这里的"虑"作不断净化、萃取讲。如果我们有机会"静、虑"，就会懂得他人的焦虑，发掘自己看不见的生机，展现出内心真正的力量。

2.拒绝，或许也是一种成全。

说实话，拒绝那个编辑后，我心里难受了好久，所以后来一直默默关注她的成长。看到她自由折腾的结果比预期还好时，我心里很开心。或许别人并不知道里面还有这么一回事，但只要自己内心坦然，哪怕残酷，对彼此来说都是一种成全。

3.思考管理为何物，领导力是怎么回事，选择自己的路。

在职场上待久了，相信很多人都遇到过升职的问题。

朋友D以建筑设计而闻名，现在却被转到了管理岗位。为此，他感到"压力山大"，内心也有过迷惑和不适，一直问自己适不适合做管理。

管理和我们想象的不同，并不是光鲜地控制他人的权威和权势感，而是要服务和协助他人。领导力也不单单只是会下命令即可，它与你的岗位、职位相关，更重要的是要有格局，能够担当得起责任，承担由此带来的风险与损失……

正是基于这样的思考，我才在2012年选择了走"专业／技术类岗位"，而不是管理岗位。我感谢2012年的那段"高压时刻"，没有那些压力，就没有今天的我。

正如凯利在《自控力：和压力做朋友》一书中所说：

压力和意义成正比：有意义，意味着有压力。

对不在乎的事情，你不会感到压力；不经受压力，你也无法开创有意义的生活。

如何应对压力

每个人都有自己应对压力的"绝杀技"。在这里，我再提供几条建议。

1. 写下压力给你带来的好处／益处，包括当时的体验。

每个人都会抱怨压力带来的坏处，我们不如像翻硬币一样翻到另外一面，看看压力给我们带来的好处／益处。

更为重要的是，我们要看看自己当时面对压力时的心得体会。相信如果再重新体验一遍的话，它会成为你心中一个深深的"铭印"。所以，每当你开始抱怨压力的时候，就再回来体验一遍吧，它会带你将注意力从负面走向正面，从消极走向积极。

每个人都知道"压力也是动力"这一道理，但很多时候它好像对我们丝毫不起作用。这是为什么呢？

因为你需要有"将压力转为动力"的成功体验，只有有了成功的体验，你才能感受到这种快感，接下来再次面对压力时，你才会愿意多尝试。

2. 锻炼、瑜伽和静坐。

凯利·麦格尼格尔在《自控力2：瑜伽实操篇》中说："当我承受压力、痛苦、无法自控的时候，我的解压方式是锻炼、瑜伽和静坐。"

这几年下来,我自己对这三种方式也深有体会,所以推荐给大家。

① 锻炼

关键是找到适合自己的训练方式,这样特别容易解压,看过"运动改造大脑"的小伙伴应该都深有体会。

② 瑜伽

我的室友就是依靠练习瑜伽扛过了很多崩溃的时刻。瑜伽能够让我们的身体变得柔软、轻缓,逐渐找回与身体的连接感。

③ 静坐

静坐可以持续缓解压力,也能逐渐消解压力带来的种种应激反应。

每个人不可避免地都会遇到压力,希望我们面对压力时不要怕,不躲闪,也不必敌对。和压力做朋友,自控力会因此提升,而你也会成长,找到人生的价值与意义。

小结:

压力让你关注即时、短期的目标和结果,自控力则需要你的大脑有更广阔的视野。学会如何更好地管理压力,是提高意志力的重要组成部分。

mini 自控

写下某件压力事件给你带来的好处／益处，包括当时的体验。

欢迎在微博或微信上写下你的体验与心得。

写下来，才是你的。

方法：

1. 正确看待压力。

2. 写下压力给你带来的好处／益处，包括当时的体验。

3. 锻炼、瑜伽和静坐。

五分钟"绿色锻炼清单",科学改善身心

你相信吗?五分钟的"绿色锻炼"就能减缓压力,改善心情,提高注意力,增强自控力,科学改善身心……

"绿色锻炼"指的是任何能让你回到大自然怀抱中的活动。5分钟的"绿色锻炼"可能比长时间的锻炼更能改善你的心情,因为用不着大汗淋漓,也用不着精疲力竭,只要低强度的锻炼,例如散步,就能获得比高强度的训练更明显的效果。

以下是五分钟"绿色锻炼"清单:

走出办公室,晒五分钟太阳;

放一首你喜欢的歌,边听边快走;

在小区里遛狗;

出去呼吸新鲜空气,伸展一下,拉拉筋;

完成一个"番茄钟"后马上休息五分钟,站起来给办公桌上的绿植浇水,吃一个水果;

跳绳五分钟;

俯卧撑五分钟；

无器械健身五分钟（网络上有很多教程）；

在办公室楼下慢走五分钟。

说了这么多，你是不是也想马上运动一下？

锻炼能提高心率变异度的基准线，从而改善自控力的生理基础。但很多人可能会有这样的困惑：为什么运动会是自控力的良药？

对于不爱运动的人而言，即使运动对自控有帮助，他们也不会因此采取行动。那么，应该如何做出调整，才能让自己体验到运动的快乐？

运动与前额皮质有关

运动与大脑皮层的前额皮质紧密相关，而前额皮质又与自控力息息相关，所以运动可以帮助我们自控。前额皮质位于额头和眼睛后面的神经区，主要负责控制人体的运动，比如走路、跑步等。它能控制我们关注什么，想什么，甚至能够影响我们的感觉，从而更好地控制自己的行为。

斯坦福大学的神经生物学家罗伯特·萨博斯基（Robert Sapolsky）认为，前额皮质的主要作用是让人选择做"更困难的事"。如果坐在沙发上比较容易，它就会让你站起来做运动；如果吃甜品比较容易，它就会提醒你要杯茶；如果把事情拖到明天比较容易，它就会督促你立刻打开文件，开始工作。

有"美国最佳医生"之称的约翰·瑞迪（John Ratey）写过一本书——《运动改造大脑》，书中主要讲了运动对人的影响，它会刺激人脑的前额皮质部分，从而重塑大脑，让自己有更多的能量选择做更困难的事。

我们的大脑像一个求知欲很强的学生，你用科学的方法和技巧训练它，它就会爱上运动，越来越自控。

在《自控力》这本书中，作者援引了两位来自悉尼麦考瑞大学的研究人员——心理学家梅甘·奥腾（Megan Oaten）和生物学家肯恩·程（Ken Cheng）的研究成果，他们发现，哪怕一周一次15分钟的跑步机运动，都能快速提升人的自控力。

这个研究的实验对象是6名男性和18名女性，年龄从18岁到50岁不等。第一个月，他们平均每周锻炼一次；两个月后，他们每周最多能锻炼三次。研究人员没有要求他们改变其他的生活习惯，但锻炼似乎让他们的生活充满了活力，也让他们获得了自控力。

经过两个月的运动，他们的注意力变得更专注，抗干扰能力也有所提高。值得称道的是，他们的注意力能集中30秒不分散。不仅如此，他们吸烟饮酒的频率和咖啡因的摄入量都有所降低；垃圾食品吃得更少了，健康食品吃得更多了；看电视的时间减少了，学习的时间增加了。他们都觉得自己比之前能更好地控制情绪了，做事也不再拖沓，连约会迟到的次数也变少了。

这个实验结果证明了一个事实——自控力的良药是锻炼！

对起步者来说，锻炼对意志力的效果是立竿见影的，15分钟的跑步机锻炼就能降低巧克力对节食者、香烟对戒烟者的诱惑；对于长期锻炼的人来说，这种效果更加显著，它不仅能缓解日常压力，还能抵抗抑郁。

上面这些都不是最重要的，最重要的是——锻炼能提高心率变异度的基准线，从而改善自控力的生理基础。

神经生物学家在检查这些刚开始锻炼的人的脑部情况时，发现他们的大脑里产生了更多的细胞灰质和白质。锻炼身体像静坐一样，能让你的大脑更充实、运转更迅速。

运动解压,找回自控

《运动改造大脑》一书上,讲到这样一个案例:

苏珊四十岁出头,她的性格活泼而友善,是三个学龄儿童的妈妈,家长-教师联谊会的会长,又是一位骑师,还是一位日程满满的专业志愿者。

可是,最近,因为需要装修厨房,她得留守在家等装修队来施工。但她经常收到装修方取消预约的消息,这令她很是抓狂,不知道该怎么办。

为了缓解焦虑情绪,她开始喝葡萄酒,一杯又一杯,渐渐习惯了午饭前喝一瓶葡萄酒的习惯。

苏珊向《运动改造大脑》的作者咨询,作者给了她一些建议:用在家就能直接做的一件事,替换她一有压力就伸手拿酒的习惯,分散自己的注意力,以此来缓解压力。

苏珊不经意间流露出自己喜欢跳绳的爱好,作者因此建议,一旦有压力来袭就立刻跳绳。

下一次再见到苏珊时,苏珊说她现在不再借酒解压了。跳绳这种短时间迸发的活动能让她立刻感到更有自控力,就像自己是命运的主宰者一样。

她还感到一种真正的轻松。跳绳不仅舒缓了肌肉的紧张,也使她焦躁不安的情绪得到缓解。苏珊把这种减压方式解释成:"我感觉跳绳好像重新启动了我的大脑。"

需要锻炼多久?

对于没有运动习惯的人来说,听到这里,可能会有一个疑惑——我需要锻炼多久?

就我个人的经验,锻炼时长因人的身体状况而异。同样是备战马拉松比赛,我因为脚踝软骨受过伤,压根不敢长时间地跑步,每天都跑步的目标对我来说很不现实。

2010年,一项研究分析发现,改善心情、缓解压力的最有效锻炼时长是每次5分钟,而不是几小时。

BBC(英国广播公司)纪录片《关于减肥你应该知道的十件事》中讲道:"运动会持续燃烧脂肪,即便在你停止运动之后;哪怕是最小量的运动也能帮助你多燃烧脂肪,所以行动起来才是最重要的。"所以,如果你只是花5分钟在小区里走走,也不用觉得不好意思,这样做的好处可多着呢!

另一个大家都很关注的问题是:"什么样的锻炼最有效?"

对此,凯利的回答是:"你会去做什么样的锻炼?"

身体和大脑是协调一致的。所以,只要是你想做的,就是最好的起点。整理衣柜、散步、跳舞、做瑜伽、团队拓展、游泳、逗孩子、遛狗，甚至是精神饱满地打扫房间或者逛商店，都可以是有效的锻炼途径。

如果你觉得自己实在不适合运动，可以把运动的定义扩大一些——任何能让你离开椅子的活动都是运动；如果你不是坐着、站着或躺着不动，不是边动边吃垃圾食品，那就是在运动。

只要找到适合自己的，能够锻炼自控力的方法，都能提高你的"意志力储备"。比如，运动手表的运动监测里专门有一个选项叫"站立时长"，因为现在我们习惯了看电脑、手机，坐得太久、低头太频繁，连站立都成了一项运动。

从现在起要告诉自己：坐一小时就要起来走动五分钟，让脊柱放松、舒展一下。

最后，讲一个故事给大家听：

我的朋友小川之前很少运动，他的情绪很容易波动，总是一副"被某人惹毛了"的表情。他的妻子对他也没有什么别的要求，只希望他在家的时候能好好说话就够了。

幸好，他还蛮有自省能力的，知道自己情绪失控是因为身心能量不够，且极为缺乏运动。于是，他就开始跑步，还报了马拉松比赛。备跑期间，他一周跑三次，从2公里到3公里、5公里，最后跑到了10公里、20公里。

很明显，小川的精气神比以前好多了，精力更充沛，人也比较放松，甚至会开玩笑了。一次，他成功跑完"全马"后，逢人就感叹：人生就是一次长跑，不在于谁跑得快，而是看谁跑得完。

愿我们在人生的长跑中，都能科学自控，坚持完赛。

小结：

锻炼能提高心率变异度的基准线，从而改善自控力的生理基础。

mini 自控

今天，请放下手中的电脑和手机，站起来，出去走五分钟。

欢迎在微博或微信上写下你的体验与心得。

写下来，才是你的。

方法：

1. 养成锻炼的习惯。
2. 尝试五分钟的"绿色锻炼"。

好睡眠,深改变

如何才能早睡早起,养成好习惯呢?或许我们可以先了解一些新的知识——"睡出自控力"。好睡眠,能够改善你的身心,也就是深改变的过程。

相信大家都还记得有关自控力的两个常识:

1.自控力是极耗费身心能量的活动,需要生理学的基础,即体力、精力、心力等。

2.自控力是有限的,也是可以训练的。

由此,我们来聊聊提升自控力的超简单方法——好好睡一觉。

听到这，你可能会不屑一顾。睡觉谁不会？确实，我们从小睡到大，谁都会睡觉，可从来没听说过睡眠会影响自控力。而且，我们很多人现在已经习惯了晚睡晚起，很多人都有"晚睡综合征"。

那到底应该如何才能早睡早起，养成好习惯呢？

接下来，我给大家提供一些新思路。

人体葡萄糖与能量

朋友圆圆在一家亲子互动平台做店长，她的睡眠质量很差，晚上不太容易睡着，很容易惊醒，长期处于浅睡状态。她最近因为业绩的事情忙得焦头烂额，直接失眠了。对于她来说，睡一个好觉就是最幸福的事。

这样的结果就是她白天上班的时候常常是睡眼惺忪，开会时昏昏欲睡。因为晚上睡不好，所以导致一整天的精神头都不好，稍不顺心就容易发脾气。她的体力、精力都因为睡眠问题被透支了。

如果我们想提升自控力，首要就要提升身心能量的基准水平，而睡眠是恢复、补充身心能量最好的方式之一。

遗憾的是，现代人普遍缺乏睡眠，尤其对于在一线城市工作的人来说，克扣睡眠时长更是家常便饭。

为什么睡眠不足会影响意志力？

从人类原始的进化来说，脂肪和糖分是身体及大脑储备能量的主要方式，我们的呼吸系统让肺部吸入空气，为身体提供足够的氧气，这样心血管系统才能开足马力，保证血管里的能量顺利运送到肌肉，让你能随时准备战斗。

研究表明，睡眠短缺对大脑的影响和轻度醉酒是一样的。要知道，在醉酒的状态下，人们毫无自控力可言。因为睡眠不足会影响身体与大脑对葡萄糖的吸收，细胞无法从血液中吸收葡萄糖，所以能量不够，人也会更疲惫。

同样，负责理智判断的大脑前额皮质也急需能量，能量短缺会造成严重后果。前额皮质受损就会失去对大脑其他区域的控制。一般来说，它能让警报系统安静下来，从而帮你管理压力，克制欲望。但是，睡眠不足会让大脑的这两个区域之间出现连接问题，警报系统不再受到审查，因此它对所有普通的压力都会反应过度。

一旦这样，身体就会一直处于应激状态中，释放大量的压力荷尔蒙，使身体和大脑急需能量，你会开始想吃甜食，想摄入咖啡因。

但即便你食用了糖类或咖啡，你的身体和大脑也没办法获得能量，因为它们无法对其有效利用。有睡眠研究专家还为这种状态起了一个有趣的名字——"轻度前额功能紊乱"。

所以，如果长期睡眠不足，我们的大脑就会受损，生活也会陷入死循环：睡不够——身心能量值低——失控吃甜食、喝咖啡……但没有用，还是会继续熬夜，越睡不够就会越失控，最后就会越来越胖。

所以，睡不好的人，想减肥也是相当困难的。

"昼夜节律学"

我们的人体中有一种自我调节的周期节律，我们称之为"昼夜节律学"——这一点跟2017年诺贝尔生理学奖的结论是一致的。

人的生物钟在24小时里都有不同的表现，比如傍晚六点，人的体温最高，这时人的精神还是不错的。而到了晚上，褪黑素就开始分泌，人体温度降低，生物钟就会自动调节到睡眠状态。如果继续熬夜，不仅会打破人体生物钟，令人变丑、变胖、变迟钝，大脑还会开始吞噬自己，疾病也会接踵而来。

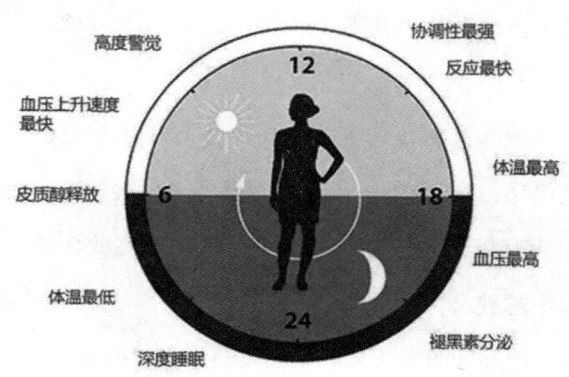

在《自控力》一书中，作者凯利也不厌其烦地提醒我们：

如果你每天睡眠时间不足6个小时，那你很可能记不起自己上一次意志力充沛是什么时候了。长期睡眠不足让你更容易感到压力、萌生欲望、受到诱惑。你还会很难控制情绪、集中注意力，或是无力应付"我想要"的意志力挑战（在我的班上，总有一群人很赞同这一观点。那些人就是刚成为父母的人）。

如果你长时间睡眠不足，你就可能在每天结束的时候觉得后悔，后悔自己又屈服于诱惑了，又把要做的事拖到明天了。

最后，你会感到羞愧难当，内心充满负罪感。很少有人不想变成更好的人，但很少有人会考虑怎样才能休息得更好。

看到这些，你应该会对睡眠与自控力之间的关系清楚了许多。那么，对于长期克扣睡眠的人来说，有哪些方法可以帮助自己恢复自控力呢?

1. 记录自己睡前都在做什么，情绪怎么样

最近，好朋友田大大成了我的"睡眠监督人"，她每天都会郑重提醒我：距离期望睡着的十一点还剩多少小时多少分钟。

这让我不禁生出紧迫感，尤其是超过十点后，我也开始计算时长，然后看手头都有哪些事情，是否能在睡前做完。

记录了几天睡前未完事项后，我发现事情真的太多了，很多时候做不完，于是就在睡前补。但这样却让我非常焦虑，于是大脑就启动身体内的交感神经，整个人处于亢奋状态。

这个时候，本应是主管"平静"的副交感神经主持大局，但由于生物钟已经颠倒了，于是逐步落入恶性循环，难以挣脱——晚上死活睡不着，早上怎么都起不来。这让我对时间的流逝和自己情绪的状态产生了警觉。

好在，我决定改变睡前工作的习惯，提高工作效率，并在睡前写日记，总算做到了有规律地早睡早起。这让我获益良多。

而我的另一位朋友平平的先生听了我的分享后，开始在睡前写日记，记录一天做了什么、想了什么，还有睡前的感受，连着写了100天。平平跟我反馈说，她的先生原本睡前总是唉声叹气，担心各种事情，难以入睡，好不容易睡着了又要说梦话。但在他开始写日记后，他好像把心事都丢给日记本了，放下了心中的千斤重担，现在是睡得沉也睡得香，白天的情绪也好了很多。

2. 补觉

即使你不能每晚都连续睡上八小时，做一些小的调整也会有明显的效果。研究表明，一个晚上的良好睡眠就能帮助大脑恢复到最佳状态。

如果你已经连续一周都晚睡早起了，周末补个好觉就能让你恢复意志力。有研究指出，每周只要睡几天好觉，就能帮你储备能量，这样就足以对付后几天的睡眠不足了。

还有一些研究表明，检验睡眠最重要的指标其实是你连续清醒的时间。即便你前一晚没有睡好，打个小盹也能让你重新集中注意力，恢复自控力。你可以尝试抽时间补觉——哪怕是午后打个小盹。这些策略都有助于减少睡眠不足带来的危害。

3. 通过早起倒逼早睡

前文我说过，我的朋友田大大习惯了晚睡晚起，虽然这样看似让她可以利用的时间增多了，但是她实际上搞得生活、工作一团糟，身体也出了问题。后来，她花了一年时间养成了早睡早起的习惯，每天晚上准时十点睡，早上五点起，这样规律的生活让我好生羡慕。

田大大养成习惯的方法，就是通过早起倒逼早睡，同时做记录，一是写睡眠日志，二是早起写日志。毕竟，人的精力是有限的，早起后，晚上人很早就会犯困，不得不上床休息。所以，不妨把晚上没做完的事情挪到早上做。

清晨时分是一个人自控力最强的时候，这时候去做你觉得最重要同时也最困难的事，再合适不过了。

小结：

想提升自控力，首先要提升身心能量的基准水平。睡眠是恢复、补充身心能量最好的方式之一。

mini自控

今晚尝试比以往早睡30分钟，明天早起30分钟吧！

欢迎在微博或微信上写下你的体验与心得。

写下来，才是你的。

方法：

1. 记录自己睡前都在做什么，情绪怎么样。
2. 补觉。
3. 通过早起倒逼早睡。

环境的力量，比你想象的还要大

人们在一起时，会不由自主地互相模仿。所以，找到一个自律的群体环境，会让你事半功倍，轻松快乐地改变自己。

正如我们所知，大脑像一个求知欲很强的学生，如果用科学的方法不断刻意练习自控，你就会变得越来越自控。

在此我要介绍的不是从我们自己本身，而是从周边的环境获取的一个简单而行之有效的方法——选择一个自控力强的圈子或环境。

自古以来，人类一直都是群居动物。人们在一起做事、生活，不由自主就会互相模仿。比如，胖人周围的朋友大多不瘦，爱运动的人往往有一堆喜好"上蹿下跳"的朋友。

为什么失控会互相传染？

环境的力量，可能比你想象到的还要大。

在很大程度上，那些我们通常认为受自控力影响的行为，也会受社会控制力的影响。

我们愿意相信，我们的决定不会受他人的影响，我们为自己的独立和自由意志感到自豪。但从心理学、市场营销学和医药学等方面的研究来看，个人的选择在很大程度上会受到他人想法、意愿和行为的影响。

甚至，我们认为他们想要我们做什么，这都会影响我们的选择。这种社会影响经常给我们带来麻烦，但这也有助于我们获得自控力。

为什么人天生就有跟其他人产生联系的本能？我们的大脑是如何做到的？

原来，在长久的进化过程中，大脑有专门的脑细胞——镜像神经元负责掌管这件事。它唯一的任务就是注意观察其他人在想什么，做什么，感觉如何。

镜像神经元分布在整个大脑中，帮助我们理解其他人所有的经历。看到他人不幸，我们就会在心底油然生出深深的悲悯与同情，感到自己跟他人是一体的，这些都是镜像神经元的"工作结果"。

三种"失控传染"

我们之前讲过，当我们的自我意识缺失时，大脑会自动反应，跟着本能需求走。所以，一个想要训练自控能力的人，常常需要保持清醒的自我觉察，把自动反应扭转为有意识的反应。

人之所以失控，除自身意志力储备不足外，也常常跟三种意识的缺席相关。

1.无意识地模仿

当镜像神经元探测到其他人的行动时，它会让你的身体也准备做同样的动作，比如我们会无意识地模仿朋友的肢体语言：你托着下巴坐，时间久了对面的朋友也会这么做。人在潜意识里会喜欢与自己相似的人，因此镜像神经元将动作转化为信息传递给大脑，大脑开启自动反应，不知不觉就开始模仿对方了。

这种无意识的身体镜像似乎能帮助人们更好地了解彼此，同时带来相互联系、关系密切的感觉。我们有模仿别人行为的本能，这就意味着当你看到别人行动时，你自己也会下意识地模仿他们的行为。这是一种无意识行为，此时的你已经失去了自己的意志力。

2.情绪传染

镜像神经元会对别人的疼痛产生反应，也会对别人的情绪产生反应。比如，当妈妈郁郁寡欢时，小朋友会敏锐地感受到家里的氛围，可能会变得小心翼翼，想要施展各种讨巧，让妈妈开心。

还记得我们之前讲情绪让人失控时，提到情绪低落会极大消耗意志力吗？为了改善心情，我们往往会采取很多不当的应对策略，比如动不动就"吃吃吃"，刷剧"看看看"，在某宝"买买买"，盼着情绪低潮赶快过去。

3.被"屈服于诱惑"传染

曾经有一段时间，我为了融入一个小团队，偶尔会抽点烟、喝点酒，以此改善与这群人的联系。这个小团队里的人平常工作压力都很大，所以大家经常会抽烟喝酒。不过我真的很讨厌烟酒，而且无论怎么勉强自己去做，都无法拉近与他们之间的距离，最终还是放弃了。

了解失控的三种传染模式，对我们有什么样的价值呢？

一来，你可以对照看看自己掉进了哪个"坑"；二来可以"逆向操作"，校正自己的失控。

失控可以传染，自控也是

选择什么样的环境，取决于你想要什么。你有什么样的人生追求，就有什么样的人际圈子。

很多人心里都有一种信念：通过努力，我可以改变自己的命运。

我们往往会制订很多雄心勃勃的目标，盼望着诸事圆满成功，可是这个世界的喧闹和嘈杂太多了，注意力极其分散，有限的自控力很容易就会被外在因素带走，左右冲突，反而抵消了我们所做的努力。

有一天，朋友李栋栋跟我聊起她最近几年的改变，让我感同身受。

三年前她进入一家学校，学校的创始人是一位充满智慧的人。他常常能一语就戳到对方的痛点或弱点，这样虽然会让人很痛苦，但如果你能虚心接受、客观对待，就能借此飞快地进步。

她原本是一个很散漫的人，但这家公司的规定和要求都很严格，所以三年来，她每天都是五点起床，按点吃饭、睡觉、上课、运动，周末也只休息一天。没想到的是，三年坚持下来，她原本很糟糕的身体现在变得很健壮了，她不需要自控就成了一个超级自律的人。

虽然我们无法选择自己的出身，但我们是有机会选择环境的，而选择什么样的环境，则取决于我们想要什么。

比如李栋栋，她是一个对人生很有追求的姑娘，这三年来，哪怕压力再大，她也一次次地选择留下来。严苛的环境打磨她、塑造她，各种规定和规矩不仅没有束缚她，反而帮她找到自我调适的边界——这一切都让她成了更好的自己。

如果一个人只想要安逸而舒适的生活，慢慢地，他会发现自己容易被同样的人吸引，或者吸引这样的人来到身边。比如，恋爱中的姑娘，如果她太卑微，就会特别容易碰到负心汉，这种案例并不少见。因为她们在恋爱关系中失去了自我，个性也不独立，总会让有心人有机可乘。

如果你发现自己的朋友圈里都是自己不喜欢的人与事，或许你需要先想想自己喜欢什么，再决定换一个自己想要的圈子。

实在无法改变环境，怎么办？

假如你找不到理想的环境，又无力改变现有的环境，怎么办？

下面有三条过来人的建议供你参考：

1. 自己创造

作为一名图书产品经理，我不知道读者看到《自控力》的哪一页会停下来思考，虽然很多读者读完书之后会写评论，可我总觉得这样与读者之间还是有隔膜。

正好,那时候社群刚开始兴起,我就在想,不如自己直接做一个跟读者交流的平台吧,所以就创立了"自控力school"。2015年,我创立了"自控力school",想要借助社群与读者开展更多的交流,在思想上碰撞出更多火花,产生更多的感性认知与互动。

这个社群发展到现在,也让我对自控有了更多的认知与了解,积累了大量的案例与经验。

2.选择加入一个你想要的环境,参与创造

如果你不习惯从0到1创造,也可以选择加入你想要的圈子。比如创业,虽然现在提倡全民创业,但并不是所有的人都适合创业,因为创业需要自律。如果你想创业但能力又不够,不用刻意勉强自己,可以选择加入新兴的创业公司,参与创业。

我有一个朋友,她在雷军2010年初创小米时便加入了该团队,负责品牌与宣传。随着小米的迅猛发展,她也成为小米某业务板块的核心成员。

从0到1,挑战确实很大,而从1到10000却有着巨大的成长空间。很多创业者都是先参与创业团队,然后再自己出来单干的。这样做既可以规避风险,又能积累丰富的经验与人脉资源,还能训练自控与自律,何乐而不为?

3.用好线上环境

随着线上社交软件的流行,我们花在社交工具上的时间越来越多,虚拟世界正逐渐成为我们生活的主要场景。相比改变线下的环境,线上给我们提供了更多的选择空间。

前段时间,自控力school学员小远从山东某地过来,专门找我聊天。我了解到,由于目前的工作刻板、枯燥,她因此倍感压抑,满怀的梦想抱负无从施展,毕业好几年了都还在"啃老"。她对自己很不满意,内心充满各种纠结,想改变现状又乏于行动。之所以加入我的社群,就是为了更好地控制、调适自己的情绪。

加入社群后,她除了养成每天睡前静坐的习惯,还见识了各路"自控大神"。这些人打开了她的眼界,让她开始走出封闭的小县城,到南京、北京、西安等地开阔眼界。

她告诉我说,社群的友好环境深深地感染了她,让她发现了一个不同的自己。

失控或自控与否,归根结底,还是在于我们是否希望得到别人的认同,确认自己在群体中的角色与位置。

小结:

那些我们通常认为受自控力影响的行为,其实也会受社会控制力的影响。

mini 自控

今天，尝试写下三个想要学习的榜样，以及你希望跟他们学习的地方。

欢迎在微博或微信上写下你的体验与心得。

写下来，才是你的。

方法：

1. 选择一个自律的环境。

2. 如果无法选择环境，就自己创造一个想要的环境。

3. 选择加入一个你想要的环境，参与创造。

4. 利用好线上环境。

第 3 章

深度改变，
活成你想要的样子

我们往往高估自己短期的进步，而忽视四五年的积累。

实现深度改变，是沿着一条核心主线的日积月累。

找到自己生活的节奏感

我们需要采取一系列行动,控制自己的行为、情绪与注意力,逐渐找到自己生活的规律,顺"律"行动,慢慢走向有意识的觉察。

我经常在网上看到一些"爆款文章"的作者写自己如何自律,以及通过自律获得了多大的改变。很多人会模仿文章里提到的做法,但模仿后却发现很难实现。

在我看来,这种情形纯属是被文章"带歪了"。每个人都有不同的特质,我们可以参考别人的案例经验,但却很难复制。想要实现这一愿景,最终还是要找出适合自己的方式,从自控过渡到自律。

自律到底是怎么回事?一个人到底应该如何从失控到自律?

自控与自律

像我们之前说到的一样,自控能力强的人会有意识地控制自己的行为、情绪与注意力。我们也都知道,想要真的实现自控是很困难的,需要找出其中的规律,让自己依"律"而行。

打个比方，一个弹琴的人想要控制音乐的节奏感，不如照着谱（"律"）慢慢弹，节奏、韵律自然流畅而来。所以说与其控制节奏感，不如老实地循"律"照做；与其控制音乐，不如找出让自己舒服的"节律"，顺势而为，反而事半功倍。

我的同事杨光经常熬夜到凌晨一点，早上八点多起床，匆匆忙忙吃点儿东西就跑去上班，日子久了，他总是感觉筋疲力尽，身体健康状况也每况愈下。我们看他这么辛苦，建议他换换作息时间，但他一直不为所动。

然而，让大家意外的是，他在今年元旦为自己确立了一个目标：早睡早起。我们都不相信他能做到。然而，他真的做到了，一连一周都是早上六点半起，晚上十点半睡。我很好奇：他怎么突然变得这么自觉了？

他意味深长地说："我也很苦恼，晚睡其实很难受，可是我好像已经习惯了。我仔细研究了一下以前的作息时间，发现自己之所以晚睡，是因为有好几件重要的事情没完成，心里放不下，所以就睡不着，必须得熬夜完成才安心。但我发现，一天只要睡够八小时，就能令我精力充沛。而早晨六点半起、晚上十点半睡，既保证了我八小时的睡眠时间，又兼顾了手头的事。同时，我知道自己意志力差，单凭一个人的力量恐怕难以坚持下来，所以最近搬了家，跟一个生活异常规律的人做了室友。

这样的话,当他起床时可以叫醒我,保证我早上能按时起床。"

我听完后哈哈大笑。他真的很聪明,找到了身体的规律(八小时充足睡眠),在满足睡眠时间的前提下更改了作息时间,变"晚睡晚起"为"早睡早起"。如此一来,一举解决了长久以来困扰他的作息失控问题,形成习惯后也容易坚持下去。

为什么有的人找不到自己的节律

我有时难免惊讶,为什么会有人不听从自己内心的声音呢?

起初,我猜想他们对自己不够了解。但经过一段时间的观察,我发现很多人的身心是分离的——脑子里虽然有一大堆概念,但用于"指挥"身体却不灵了——身体不配合。这时候,身心就会产生很多冲突与对抗,情绪自然就来了,失控必然常常发生。

比如控制情绪。情绪就像一面镜子,能够向我们如实反馈身心状况。我身边有一个情绪非常多变的同事小明,他的情绪跟小孩子一样多变。在跟他说起一些问题的时候,我总觉得他在天上飘着,总也不落地。

有时候,跟他沟通时,他还表现出一副蛮横强硬或者无所谓的态度,惹得你也很恼火。有人说,他将自己封闭在了自我构建的"理想国",觉得自己像一个国王。可是,实际上他的行动力、执行力也超级差,总觉得自己很厉害,但是最后事情的结果往往不尽如人意。

其实,他就属于"自我认知偏差"很大的那一类人,身心分离严重。有时候,我也会私下里猜测:或许他这种"自我分离"的举措也是一种"自我保护策略",真实的目的是为了保护他的自尊。

但正是因为这样的自我保护,他封闭了突破自己的通道——没有人想跟他如实反馈。实际上,哪怕反馈了也没用,因为他更愿意被动执行,而非主动思考。可是,在现实中,如果一个人不主动思考就贸然行事,最终的结果一般都不太理想。

可惜的是,他已经完全沉浸在自己习惯的模式中,根本意识不到自己的问题。所以,如果我们想要突破现状,就必须打破自我,主动成长,哪怕要经受如同"剥一层皮"的蜕变苦痛,我们也必须坚持——因为这是一个人彻底改变的可行乃至唯一的路径。

与其说身心分离导致失控,不如说他拒绝了解真实的自己,沉浸在自己的世界中——他看上去似乎找到了自身的节律,但本质上还是活在"假象"中,并没有触碰到真实。

那么,什么是真实?如何碰触真实?

真实,让你缩小"自我认知偏差"

在我看来,真实有两种:

1. 来自当下现实的真实

比如小明,他其实完全可以打破"自我设限"的阻碍,多思考别人的反馈,并与自我认识相对照——别人说的是对的吗?如果不对,有偏差的地方在哪里?如果对,哪里对了?为什么对了?

并不是说他人的反馈都需要接受,我们需要站在第三者的角度反观自身,跳出自我的牢笼。"自我认知偏差"是每一个人都有的,要么认为自己高于别人——自大;要么认为自己不如他人——自卑。从别人这面"镜子"中可以照见自己的现实,主动调整这中间的差距,对自己来说是一件好事。

小明可以主动多问问他人:对同一件事情,你们觉得好的标准是什么?有哪些案例或者榜样可以参考吗?做到哪些事情会让大家觉得靠谱?

相信真正关心他的人会如实反馈,而不是对他敷衍了事。再退一步说,为什么会有人敷衍你?一方面可能是因为别人顾虑太多,但另一方面也有可能是因为你不够坦诚,让人觉得你没有度量接受真实的反馈,也没有能力消化真实的现实。

接受真实并非要我们一味屈从现实,而是看看有哪些地方被自己忽略了,哪些地方可以改进,哪些可以做得更好一些。

其实,在我们的内心深处,每一个人都很自恋,因此需要有一面"来自当下现实"的镜子帮助我们照见自己的脆弱之处。

我之前就是一个有点自卑的人，经常觉得自己做得不够，以至于常常因责备自己而失控。但实际上，从他人的反馈来看，我做得已经相当不错了。所以，后来我开始学会肯定自己，让自己变得自信起来。

当责怪自己不够好的情绪到来时，我会训练自己，想想自己哪些地方做得不错，甚至还将做得不错的地方写下来。逐渐地，我发现内心变得有力量了，人也更乐观开朗了。

我还给自己找了一句座右铭：成为自己的好朋友。

如果我是自己的朋友，看到自己关切的朋友妄自尊大时，我会提醒对方：该注意了，这并不是你一个人的功劳，而是天时地利人和等多种因素的助推；当朋友陷入自卑时，我会提示对方：其实你已经很努力了，所以还是要看到自己的优点。

所谓理想的状态，大概就是能与自己和谐相处。因为了解自己，所以能够不时地提醒自己：该控制时控制，该找自己的节律时找规律想办法，该放松一下时就放松，活在此时此刻。

2. 来自未来的真实

当我们对现实有了一个清晰的认知，就会需要来自未来的灯塔做引导。这就像你明明知道自己现在身体还不错，但未来必然会衰老一样（真相）；现在家庭还算和睦，但未来必然亲情更多，激情愈少；虽然现在孩子在膝下承欢，但未来必然会离家独立生活……我们应该怎么办？

人无远虑，必有近忧。还记得我们之前说的自控力中有关即时满足与长远利益的策略吗？我们不能仅为当下打算（即时满足），也要为未来规划（长远利益），原因就在这里。

不管生老病死，还是爱恨别离，都是真实的存在，只不过大多数人不愿意面对而已。假装看不见不代表不存在，所以，我们不仅要统筹现在的工作和生活，也要为未来做好规划。

多做，多做到

说了这么多，你可能会问：那我该怎么办？

我的答案很简单——多做，多做到。

每个人都知道行动的力量，但是，你知道"行动先于感觉"这一原理吗？

美国心理学家理查德·怀斯曼(Richard Wiseman)在畅销书《正能量》中分享了人们对"表现"这一原理的重新解读。

这一原理最初是由"当代心理学之父"威廉·詹姆斯发现的，但不为当时的人们所接受。他发现，大部分人觉得理所当然的情绪与行为的关系可能刚好相反，不是大多数人相信的"情绪引导行为"，而是"行为引发情绪"。

在人们的常识中，一般认为情绪是因，行为是果。因为幸福,所以微笑;因为悲伤,所以哭泣。但理查德·怀斯曼研究的结果却与之相反——我们常常因为哭泣而悲伤,因为微笑而幸福、快乐,因为行动而触发情绪,行动先于感觉。

了解了这一点,你就会知道,为什么讲了这么多有关自控的知识或者道理,最关键的还是践行——只有多做才能改变,改变始于践行,终于践行。

自控也是如此。我们想要控制自己的行为、情绪与注意力,可以先采取行动,比如微习惯、惯例举止、新的习惯养成、加入新环境等。

由于情绪会被行动引导,当你的注意力被训练聚集到重要的事情上,当你逐渐摸到自己的规律,顺"律"行动,慢慢走向有意识的觉察。相信那时候你才会真的明白,原来从自控到自律是这么回事!

小结:

每个人有不同的特质,别人的案例可供参考却难以复制,还是要找出适合自己的方式,从自控过渡到自律。

mini 自控

今天尝试写一篇日记吧,写下你当天真实的体验就好。

欢迎在微博或微信上写下你的体验与心得。

写下来，才是你的。

方法：

1. 找出自控的规律，让自己依"律"而行。

2. 打破自我，主动成长，哪怕有时候要经受"剥一层皮"的蜕变痛苦。

3. 触碰现实和未来的真实。

4. 多做，多做到。

自控使人强大，活成你想要的样子

自控之旅中，我们该如何衡量"进度条"的位置？

一说到改变，很多人会马上摩拳擦掌，恨不得立刻"从头到脚焕然一新"，但是往往没两天就蔫了，然后再给自己"打鸡血"，随即再挫败……用不了几次，很多人就会选择放弃。在我看来，大多数人对"改变"的看法都存在偏差，认为"改变"只要一改就好，所谓一"变"永逸。但事实却不是这样的——自控之旅和深度改变之旅每天都是进行时，我们要"平常心为道，长远心为行"。

或许，有的读者会觉得很失望。好在，一旦面对真实的生活，人就会冷静和清醒下来。也只有尊重现实，我们才会淡然看待改变过程中的起起伏伏，在现实基础上有所改变，才能让日子过得踏实。

接下来，我们就可以谈谈"进度条"的问题。

对我而言，衡量"改变"的"进度条"主要有两个维度：

1.自控、自律、自由；

2.自我价值感。

维度一：自控、自律、自由

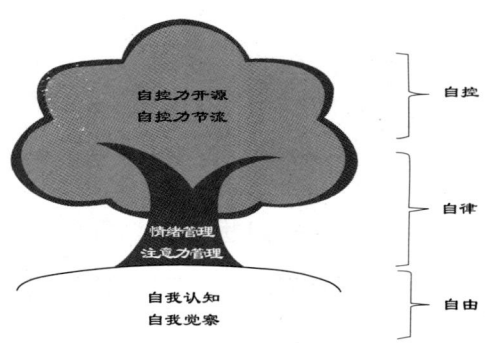

学员zoe是一个"概念控"，她每次看到这棵"自控力"大树时，都会好奇地问："为什么一般人只提自律，而你会将其再区分为'自控、自律、自由'三个阶段呢？"

人的一生有着不同的发展阶段，比如刚毕业的第一个十年，我们一般先要解决生存问题，挣钱养活自己与家人。这时就需要多学知识与技能，用知识换金钱成为第一需要。良好的自控力可以协助我们在最大程度上统筹时间和精力，优先、高效地做最重要的事。

我们该如何做到呢？

首先要了解自我——提升自控力最有效的途径，在于明白自己如何失控，为何失控，然后采取"开源节流"的策略进行调适。

"自控力开源"的重点就在于提升自控力,训练"自控力肌肉",比如好好睡觉、规律运动、养成好习惯等;而"自控力节流"的重点就在于要将自控力花在刀刃上,因为自控力是有限的,所以要省着点花。

我优先推荐"微习惯"养成法。

等到了35岁左右,生存问题已经基本解决,我们便进入生活期。在这十年间,我们的生活品质需要升级,很多人会开始购买艺术品、换大房子等。当然,在这一阶段也会有很多压力——上有老下有小,工作挑战增多,对于年龄增长的担忧……这些都要求我们做到自律,找到自己的生活节奏,在情绪和注意力管理上下功夫。

这时,我们就要学会深度工作,与时间做朋友。

第三个十年,年龄已经见长——"五十知天命"。孩子已经搬出去独立生活了,夫妻俩待在"空空"的房子里,体力、精力都还旺盛,这时候就会思考"人为什么活着""我这一辈子为何而来""生命的意义是什么"……这些以往看起来虚无的大话题不断提醒着我们曾忽略的重要价值——生命的意义。

我们无处躲藏,只能直面它们。

一个人或许有很多钱，有很多朋友，拥有太多光鲜亮丽的高光时刻，可是始终欠自己一个对生命本质问题的回答。这时，经由自我认知和自我觉察，我们有可能找到答案。

现代社会节奏太快，信息太过密集，对于人们来说，走完"生存－生活－生命"三阶段未必需要三十年。所以，这棵"衡量进度的大树"不择年龄——不管是哪个年龄阶段的人，总能在其中找到自己的定位，采取适合个人状态的策略。

需要指出的是，三个阶段的区分主要在于大方向，局部上并非那么泾渭分明。

从生命层面看生存与生活，我们不要问"能不能"，只需问"该不该"。对于该做什么或不该做什么，我们要自己心里明白，这样才能活得踏实。

维度二：自我价值感

除了"自控、自律、自由"这个维度，还有一个维度是自我价值感，它是我们的"状态标尺"。

在自控力社群中，有一部分人常失控、混乱，属于"拖延癌晚期"，他们的自我价值感就不高，情绪容易被他人影响，有的人甚至还因此变得抑郁。

那么，如何控制散乱的情绪和欲望？凯利·麦格尼格尔对此有精彩的分析：

试图压抑自己的想法、情绪和欲望，只会产生相反的效果，让你更容易去想、去感受、去做你原本最想逃避的事。

对内接受自我，对外控制行动。

当你开始试着接受欲望时，请记住，抑制欲望的反面不是自我放纵。认识自我、关心自我和提醒自己真正重要的事物，这三种方法正是自我控制的基石。

自我价值感的终极方向：建立自我，追求无我

2018年6月29日，李嘉诚在汕头大学毕业典礼上发表的演讲《建立自我，追求无我》引发众多共鸣，也道出了我的心声。

"建立自我，追求无我"，正是一个人自我价值感的终极方向。

文章摘录如下：

环境不是牢笼，在各行各业，你有实践力——把科技、现代化及工业化的优势，糅合成新。你有检视力，知道如何守常持变，厘清障碍；面临抉择，掌握进退，处变不惊。

你们是有追梦能力的幸运儿，你们眼中的世界是什么模样的？汕头大学"建立自我、追求无我"的理念对你重要吗？

在林林总总"做好人""做好事"的口号中,一个自我中心的人看世界,和真诚有本心的人看世界不同。

超级出众的人常常会问自己:我是 Prince Charming(白马王子)或是 Prince Harming(伤害王子)?你是魅力、功效之星,还是滔滔大论、制造问题的人?

现代环境的新挑战,因循难立新,在平庸圈套的死胡同徘徊,徒然浪费资源事倍功半;要探求不一样的方法,才可寻找到有价值的量变。

建立自我,关键态度是"谦卑、谦恭、谦虚"。谦卑具有修复、激励功能,它是虚伪、自大和傲慢综合征的预防针。有思想、有智慧、带谦虚修为的人,是有量度、能长期处理复杂压力的问题解决者,他们意识到自己的观点,并非唯一有效可行的选择。

谦恭的人常带好奇、开明,自胜者强是充实人生的灵丹妙方。

立志要改变世界的人,有实质良心和才华同样重要,你的领导能力能否服务好理想?你的深度与宽度决定你是解决问题的人,还是问题本身;区分你是启发别人的天使,还是把主观强加于别人的牛魔王……

哲学家康德说:"所谓自由,不是随心所欲,而是自我主宰。"当一个人能部分地控制自己的欲望、情绪和注意力时,便从自控、自律渐渐走向了自由。

愿我们每个人都能本着"建立自我,追求无我"的初心,不负此生,不失未来。

后记
我有两次出生，一次是出生，一次是遇见智慧

晚上十二点，一个朋友打来电话，就工作中的问题毫不客气地数落了我一顿，样样落在关键点上。所以，我一点儿都没有生气，反而很感谢她的直言不讳。

当时，我在心里默念：这年头，能够遇见这样一位良师益友，实属幸运。

接着，我在微信朋友圈发了一段文字以作纪念："子曰：'益者三友，损者三友。友直，友谅，友多闻，益矣。友便辟，友善柔，友便佞，损矣。'"

我越来越觉得，所谓"自控的理想态"，无非是成为自己的良师益友——我们无法改变他人，所以只能把注意力转到自己身上，尽力做到自控，而非"他控"。

所谓"良师"，意思是说，当自己不太了解时，要训练、提升认知水准，自己当自己的老师。认知提升是一个人实现跃迁的第一步；所谓"益友"，即当我们太过自控而有压力时，我们要像朋友一样提醒自己放轻松，偶尔也需要适度地"放飞自我"。

当一个人可以成为自己的良师益友,并学会跟自己深入对话,他对自己的了解势必会更深入一层。越了解自己,越容易协作,毕竟,自控也好,静坐、自律也罢,本质上都是自己跟自己相处的艺术。

从自控、自律走向自由,这条路需要我们建立自我,追求无我,掌握清晰的认知与科学的方法。实践这条路就是我们深度改变的过程,当你成为你想成为的人,那么你想要的生活就会触手可及。

感谢一路走来帮助过我的每一位良师益友:古典、昂sir、秋水老师、玮桐老师、陈海贤老师、猫老师、赵永久老师、杰辉、小羊皮、renyan、run、liliy、QQ、小车、梦婷、易晶、小保、伟涛……谢谢你们的帮助、鼓励与包容。

感谢我的父母和家人,感谢"自控力school"社群的小伙伴不死君、文娟、小溪、肖爷、张一白、Zoe、得姐、田大大、诸慧、三哈等。

愿每个人都拥有幸福的、充满智慧的生活。

"我有两次出生,一次是出生,一次是遇见智慧"。这本书就像我的一本个人成长笔记,因阅历、能力所限,其中必然有许多错误之处,恳请各位不吝赐教。

愿你不虚阅读,不负此生。

附录
参考文献

[1] 凯利·麦格尼格尔.自控力[M].王岑卉,译.北京:文化发展出版社,2017.

[2] 凯利·麦格尼格尔.自控力·实操篇[M].金磊,译.北京:北京联合出版有限公司,2018.

[3] 凯利·麦格尼格尔.自控力:和压力做朋友[M].王鹏程,译.北京:北京联合出版社,2017.

[4] 丹尼尔·卡尼曼.思考,快与慢[M].胡晓姣,李爱民,何梦莹,译.北京:中信出版社,2012.

[5] 乔西·戴维斯.每天最重要的2小时[M].陶文佳,译.南昌:江西人民出版社,2016.

[6] 理查德·怀斯曼.正能量[M].李磊,译.长沙:湖南文艺出版社,2012.

[7] 塞德西尔·穆莱纳森.稀缺:我们是如何陷入贫穷与忙碌的[M].魏薇,龙志勇,译.杭州:浙江人民出版社,2014.

[8] 理查德·泰勒,卡斯·桑斯坦.助推:如何做出有关健康、财富与幸福的最佳决策[M].刘宁,译.北京:中信出版社,2015.

[9] 约翰·梅迪纳.让大脑自由:释放天赋的12条定律[M].杨光,冯立岩,译.杭州:浙江人民出版社,2015.

[10] 查尔斯·都希格.习惯的力量[M].吴奕俊,陈丽丽,曹烨,译.北京:中信出版社,2017.

[11] 斯蒂芬·盖斯.微习惯:简单到不可能失败的自我管理法则[M].桂君,译.南昌:江西人民出版社,2016.

[12] 佐藤可士和.佐藤可士和的超整理术[M].常纯敏,译.南京:江苏凤凰美术出版社,2017.

[13] 山下英子.断舍离[M].吴倩,译.南宁:广西科学技术出版社,2013.

[14] 里克汉森,理查德·蒙迪恩.冥想5分钟,等于熟睡一小时[M].姜勇,译.南京:江苏文艺出版社,2015.

[15] 尼克·利特尔黑尔斯.睡眠革命[M].王敏,译.北京:北京联合出版公司,2017.

[16] 古川武士.坚持,一种可以养成的习惯[M].陈美瑛,译.北京:北京联合出版公司,2016.

[17] 史蒂夫·诺特伯格.番茄工作法图解:简单易行的时间

管理方法[M].大胖,译.北京:人民邮电出版社,2011.

[18] 瑞迪,哈格曼.运动改造大脑[M].浦溶,译.杭州:浙江人民出版社,2013.

[19] 安德斯·艾利克森.刻意练习[M].王正林,译.北京:机械工业出版社,2016.

[20] 中岛孝志.4点起床:最养生和高效的时间管理[M].曹逸冰,译.北京:文化发展出版社,2011.

[21] 李笑来.把时间当作朋友[M].北京:电子工业出版社,2013.

[22] 史蒂夫·诺特伯格.单核工作法图解:事多到事少,拖延变高效[M].大胖,译.北京:人民邮电出版社,2017.

[23] 斯科特·派克.少有人走的路[M].于海生,译.北京:中华工商联合出版社,2017.

[24] 陈海贤.幸福课:不完美人生的解答书[M].南昌:江西人民出版社,2016.

[25] 加布里埃尔·厄廷根.WOOP思维心理学[M].吴果锦,译.北京:中国友谊出版社,2015.

[26] 本·沙哈尔.幸福超越完美[M].倪子君,刘骏杰,译.北京:机械工业出版社,2011.

[27] 卡罗尔·德韦克.终身成长[M].楚祎楠,译.南昌:江

西人民出版社，2017.

[28] 安杰拉·达克沃斯.坚毅[M].安妮,译.北京：中信出版社，2017.

[29] 格列宁.奇特的一生[M].侯焕闳,唐其慈,译.北京：北京联合出版公司，2016.

[30] 里奥·巴伯塔.少做一点不会死[M].王岑卉,译.北京：北京联合出版公司，2016.

[31] 约翰·佩里.拖延一点也无妨[M].苏西,译.杭州：浙江大学出版社，2017.

[32] 玛格丽特·罗宾斯汀.从三分钟热度到一万个小时[M].刘怡女,译.北京：文化发展出版社，2017.

[33] 克莱顿·克里斯坦森.你要如何衡量你的人生[M].丁晓辉,译.长春：吉林出版集团有限责任公司，2013.

[34] 威廉·詹姆斯.心理学原理[M].田平,译.北京：中国城市出版社，2012.

[35] 马歇尔·卢森堡.非暴力沟通[M].阮胤华,译.北京：华夏出版社，2015.

[36] 凯勒,帕帕森.最重要的事情,只有一件[M].张宝文,译.北京：中信出版社，2015.

[37] 铃木俊隆.禅者的初心[M].梁永安,译.海口：海南出

版社，2010.

[38] 沃尔特·艾萨克森.史蒂夫·乔布斯传[M].管延圻，魏群，于倩，赵萌萌，译.北京：中信出版社，2011.

[39] 卡尔·纽波特.深度工作：如何有效使用每一点脑力[M].宋伟，译.南昌：江西人民出版社，2017.

[40] 简·博克，莱诺拉·袁.拖延心理学[M].蒋永强，陆正芳，译.北京：中国人民大学出版社，2009.

[41] 威廉·克瑙斯.终结拖延症[M].陶婧等，译.北京：机械工业出版社，2015.